趣味
天文学
系列丛书

Stars

and

I

星星 和我

姚建明 编著

清华大学出版社
北 京

内 容 简 介

本书是指导你如何去认识星星的。通过每个星座的"主星""标识星""形状星"为你讲西方星座故事；在"紫微垣"里为你介绍皇宫的生活、带你去"太微垣"认识政府机构、与你一起逛"天市垣"和天下人做交易、为你讲中国星官的故事。本书设计了代表熟悉星空程度的"星霸"级别和"星霸"标志（勋章），1~10级"星霸"是以认识星星的个数来区分的。

本（套）书面对所有爱好读书、爱好天文学的读者。

图书在版编目（CIP）数据

星星和我 / 姚建明编著. — 北京：清华大学出版社，2019
（趣味天文学系列丛书）
ISBN 978-7-302-52597-4

Ⅰ.①星… Ⅱ.①姚… Ⅲ.①星系-普及读物 Ⅳ.①P152-49

中国版本图书馆CIP数据核字（2019）第044591号

责任编辑：朱红莲
封面设计：傅瑞学
责任校对：王淑云
责任印制：丛怀宇

出版发行：清华大学出版社
　　网　　址：http://www.tup.com.cn, http://www.wqbook.com
　　地　　址：北京清华大学学研大厦A座　　邮　　编：100084
　　社 总 机：010-62770175　　　　　　　邮　　购：010-62786544
　　投稿与读者服务：010-62776969, c-service@tup.tsinghua.edu.cn
　　质量反馈：010-62772015, zhiliang@tup.tsinghua.edu.cn
印　装　者：北京密云胶印厂
经　　销：全国新华书店
开　　本：148mm×210mm　　印　　张：6.125　　字　　数：152千字
版　　次：2019年4月第1版　　印　　次：2019年4月第1次印刷
定　　价：29.00元

产品编号：078808-01

级"，就认识 100 颗左右的星星啦！

第五册《流星雨和许愿》，相信大家都会很喜欢这本书。那么漂亮、壮观的流星雨，什么时候会出现，怎么去看？这本书都会告诉你。而且，流星出现的时候还可以许愿，把心愿告诉"上天"，把"秘密"通过流星传达给心爱的人。流星雨是很美，地球上、太阳系中还有更美的天象——极光和彗星，我们都会为你详细介绍。

第六册《黑洞和幸运星》，黑洞你一定听说过，但是很少有人真正了解，因为量子力学毕竟只有物理专业大学本科以上的人才能学懂。没关系，我们会用浅显易懂的语言解释黑洞，少讲原理，多注重现象和效果。通过介绍当今宇宙中最"热门"的天体"中子星""脉冲星"来告诉你，它们代表着宇宙的希望和未来，能为宇宙带来新生，为大家带来幸运！

讲了这么多，相信已经"勾引"起你对天文学的兴趣了。读一读这套《趣味天文学系列丛书》吧，你可以选读，更希望你通读。我们一直坚持了我们出版的科普书籍的特点——可读性！介绍知识是起点，开阔视野、拓展知识面是目标。希望这套书能为你丰富多彩的生活添加一份属于天文学的乐趣！

姚建明

2018 年 8 月于浙江舟山台风季

前　言

市面上介绍如何认识星空的书已经不少了，第一感觉就是在"哄小朋友"。他们会告诉你北斗七星、春季和夏季大三角，甚至冬季六边形等，看上去很美，但是第二天再让你去找估计就找不到了。不是星星消失了，而是你对它们的印象没了！天上那么多的"大三角"到底是哪个呀？我们则打破传统，延续我们的风格，为你讲故事，讲西方星座的故事、中国古代星官的故事，最亮的天狼星、你最关切的黄道十二星座；文曲星、财福禄三星，相信看了故事你更会急着去亲近它们。

现在不是都流行"拿证考级"吗，我们也"跟风"一次，为你设置了"星霸"的 1 ~ 10 级。你达到 10 级了，100 多颗星星就装在你的口袋里了，你也就成为"上知天文下晓地理"的高人啦！我们还会为你准备一套印有"星霸"标志的书签和一套从"宫主"到"堡主"再到"星主"，最后为"天帝"的勋章！通关的激励让你认识了 10 颗星星之后再想认识 20 颗、50 颗、100 颗以上，你绝对有资格做"10 级星霸"，做认识天空的"天帝"。绝对有能力做周围人的"天文小先生"。

读了这本书之后，你会认识到古代先人们认识大自然的努力和刻苦精神。为那些美妙的希腊神话故事击节叫好，在欣赏故事的情节以及与故事里的人物情感互动的同时，也到星空下去实地看看，认识一下他们"居住"的星座。不过，你会发现，中国古代的星座（官）故事，更加严谨、更加系统化。紫薇（垣）——森严高贵是皇亲国戚生活的地方；太微（垣）——机构设置完备，是皇帝带领大臣们办公的地

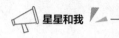
方；当然不能忽视老百姓的社会生活，所以有供"天下交易"的天市垣，那里有各种商店、各类管理者、各种需要的度量器具，甚至还有发布"贸易信息"的场所，四通八达的交易窗口和交易路径，通达"天下的"诸侯国。

可以说，西方人认识天空是"由天及人"，根据"天象"来编故事、记述历史，最主要的目的还是为了认识星空，一个星座会包含它周围最亮的那些星星。而我们的祖先们则是"由人及天"，三垣四象二十八星宿，组成它们的那些星星都是"人为"来挑选的。也就是说，那些星宿并不能包含那个天区所有的亮星，而是根据"教化人民"的功能去挑选星星，这也就使得中国的"星宿""分野"更具系统性和故事性。比如我们前面提到的"三垣"和围绕"拱卫"它们的二十八星宿。实际上组成二十八星宿的星星故事性更强，比如组成南方朱雀的夏季星空，古人们就为我们讲述了一个生动、详实而又实际的"南方战场"，南方七宿面对的是中国南方的"南蛮"，为了和他们作战，天上的星官有供军队居住的"库楼"星、插布军旗用的"旗星"、军队出入需要的"军门"星等。星星中包含了一支完整的军队、一座完备的军营、一幅生动的战争场景。

去夜观天象，去认识属于你的星星吧！去接触深邃而神秘的星空吧！去融入生我们、养我们、培育我们的大自然吧！

目 录

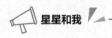

第1章

认识星星你就不会迷失方向

这话"靠谱"吗？天上的星星那么多，有那么好认吗？

依靠辨识天体来定方向，当然靠谱。我们的祖先就是这样做的，具体来说，辨识方向可以白天看太阳、晚上看星星。有人就"为难（调侃）"我了：阴天怎么办？我说：阴天凭感觉啊！当然，你的（野外）经验足够了，你就完全可以依赖你对大自然、对方向（位）的感觉。实际上，我们也大可不必去依靠"感觉"这种"形而上"的东西，那我们凭什么？对，凭"标识物"，附近的、远处的；地面的、天上的。比如，你家的房子是不是"朝南"的？

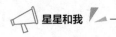
1.1　你分得清东南西北吗？如何辨识方向

不管你是野外游玩的需要，还是想拓展自己的知识、能力，随时能辨识方向，还是很有必要的。当然，我们这里说的是在野外。在那种高楼林立的城市街区，没法找到路时，我们只能是靠路标、靠警察，或者打开你的手机导航吧。

想做"驴友"去闯天下，那是要做专业准备的，不属于我们讨论的范畴。我们的目的只是从告诉你如何辨识方向开始，引导你去认星星，去识别星空，去认识宇宙、大自然。

1.1.1　野外辨识方向的方法

一般在野外都是利用指南针和地图来分辨方向。如果没有指南针和地图，可就麻烦了，那就一点办法也没有了吗？放心，大自然会救你，你的天文学知识会救你！根据太阳、月亮、星星或是树木生长的情况，就可以辨识出我们所在的方位。

1.观察周围的事物分辨南北

我们先来点实际、简单的。气定神闲，先从身边的事物开始。

（1）由树枝生长的情形分辨（图1.1）

图 1.1　树木若吸收充分的阳光，枝叶自然生长茂密。由此可知，树叶茂密的部分即为南边。靠近太阳的一边（我们在北半球是南边更靠近太阳啦），光合作用明显，树叶茂密的同时也需要更粗的树干

（2）由树叶生长的方向辨别（图 1.2）

图 1.2　花草树木皆有向阳的特性，叶面所朝的方向即为南方

（3）由树木的年轮辨别（图 1.3）

图 1.3　如果周围有截断的大树干时，可借由年轮的情形加以分辨方向。
　　　　相邻年轮距离较宽的一方，即为阳光充足能使树木生长良好的
　　　　南方

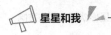

（4）由石头或树根的青苔辨别（图1.4）

找出青苔生长处，以青苔的平均密度分辨出方向。

图1.4 利用青苔喜欢生长于潮湿地方的特性，找出背阳处，进而分辨出向阳的南方

2. 观察远方事物分辨南北

利用附近的事物是能观察南北方向，但为了得到充分的证实，我们还是要得到远方物体的求证。

（1）以山上树木生长的茂密情形判断（图1.5）

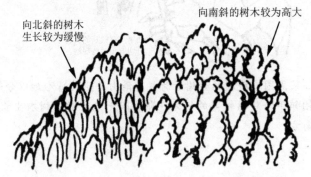

向北斜的树木生长较为缓慢

向南斜的树木较为高大

图1.5 向南的树木生长较向北的树木快。以此可分辨出南北

（2）以民宅的坐向判断（图 1.6）

民宅的南侧多为大窗子或走廊

图 1.6　山上的民宅（尤其是庙宇）多为坐北朝南的建筑，并且会在北侧种植树木以防止寒冷的北风，依此原则也可判别出南北

3. 以手表和太阳的位置分辨北方

戴手表又成了一种"时尚"。手表不管价格高低，有指针的表盘都可用来判断方向。看图操作吧。

（1）将手表摆平，中央立一火柴棒（小树枝亦可，图 1.7（a））；

（2）旋转手表，使火柴棒的影子与短针重叠（图 1.7（b））；

（3）阴影与表面 12 点位置之间中央的方位即为北方（图 1.7（c））。

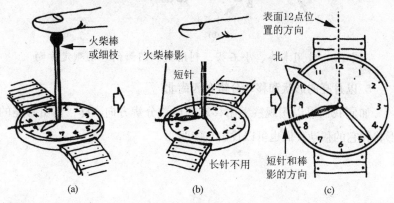

(a)　　　　　　(b)　　　　　　(c)

图 1.7　利用手表判断方向实际操作图

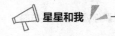
4. 以日月的移动分辨东南西北

我们再把我们的视野和"标的物"放大一点、放远一点。这次我们用太阳和月亮。

（1）在平地上直立一长棒，在棒影的前端放置一小石头 A（图 1.8（a））；

（2）10~60 分钟后，当棒影移至另一方时，再放置另一小石头 B 于棒影的前端（图 1.8（b））；

（3）在两个石头间画上一条线，此线的两端即为东西，与此线垂直的两端即为南北（图 1.8（c））。

图 1.8　使用木棒、小石头，利用太阳阴影的移动测定方向

5. 以月亮的形状和移动分辨东西南北

如同我们可以用观察太阳移动的位置分辨方向一样，借由月亮的形状和它的移动我们也可以找出东南西北。

（1）上弦月（图1.9）

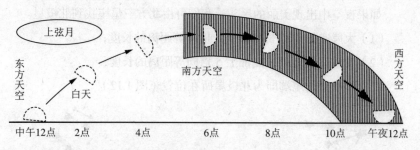

图1.9 上弦月黄昏时由南方天空升起，深夜则沉没于西方地平线

（2）满月（图1.10）

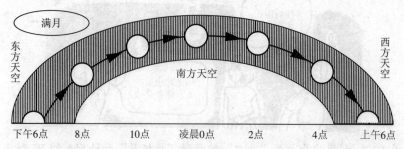

图1.10 满月黄昏时由东方地平线升起，清晨则沉没于西方地平线

（3）下弦月（图1.11）

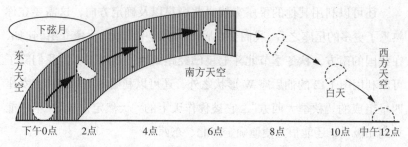

图1.11 下弦月深夜时由东方地平线升起，清晨则位于南方天空上

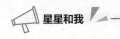

6. 找到北极星就可以找到北方

如果夜空中出现美丽的星斗，我们可由北方三星座找到北极星。

（1）大熊座的 A 处长度加上 5 倍同等距离的长度；

（2）仙后座的 B 处长度加上 5 倍同等距离的长度；

（3）小熊座的尾端即为北极星所在位置（图 1.12）。

图 1.12　利用北斗七星"斗口"的两颗"指极星"和仙后座的 W 形状
去找到北极星，那里就是北。而且，北极星的地平高度就是
当地的地理纬度

还可以利用其他的星座来找寻北极星以及确定方向，这需要在你
熟悉了更多的星座之后。我们会在后面的内容中陆续为大家介绍。比如，
在我国的南方，秋冬季节北斗七星已经跑到地平线以下了，我们除了
可以利用图 1.12 的仙后座 W 形状之外，还可以利用由飞马座和仙女座
四星组成的"秋季大四方"，它被称作天上的"天然定位仪"，不仅能
找到北极星，还能很方便地确定南北、东西。

1.1.2　古人观星定向思维的发展过程

实际上，在很早的古代，人们就已经用观察星星方位的方法来确定方向了。不过，古人观星定向也经历了一个发展、变化的过程。你会说，观星定向？太阳那么大、那么明亮，干吗还要去认星星辨方向呀？哦，晚上有太阳吗？就算是白天你敢"直视"太阳吗？那就用月亮好啦！我敢直视月亮，而且月亮似乎是白天、晚上都有的。是呀，那么大、那么明亮的月亮，难道我们的祖先就没有想过去利用它，而是费力地去找星、辨星用来定方向？原因当然有，听我们慢慢说。

1. 立竿见（测）影

太阳耀眼的光芒使人对其无法直视，更何况太阳高悬天际，也没法用一般工具直接测量。所以要测量太阳的运行轨迹，必须采用间接手段。

怎样做呢？通过观察，古人发现，被阳光照射的物体，一定会有相应的阴影。于是，人们不难联想到：只要将某一有固定长度或高度的物体，长期固定在某一能被阳光全天候全方位照射的地方，那么就可以通过测量此物体阴影的变化来追索出太阳的运行规律。这样，人类最早的辨别方向以及计时的工具和方法就出现了——立竿测影。

所谓"立竿测影"，就是将一根木杆树立在一片露天的空旷地面上，通过观测每日每时木杆影子的长度和角度变化来测算具体的方位、时节和时点。古人"立竿测影"法的原理，在其具体应用上，我们可以做如下推测。

立竿测影法最先可能是用于测量每日"日中"时点的变化。太阳东升西落的运行轨迹变化会在不同时点上留下不同角度的阴影，通过测量阴影角度的变化就能推算出具体的时点。被用作时辰报点的"日晷"就是依据此原理制成的。然后随着人们日复一日、年复一年的不断测量，通过大量的数据积累会发现，同一个时点在每年不同日子里，其杆影的长度也呈现周期性的变化。我们的祖先生活在北回归线以北、北极圈以南，他们发现：每年天最炎热的时节里，太阳运行的轨道相对靠近北部，此时的杆影相对偏短；而每年最寒冷的季节里，太阳运行的轨道

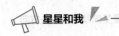

相对靠南，此时的杆影相对偏长。为了准确测量此变化，我们的祖先又做了更精确的测量：以每日正午太阳运动至轨道最高点、杆影最短时的杆影长度为基准，准确测量一年四季（实际是最冷的一天的一个周期循环）中每一天正午时刻杆影的长度，然后记录下每天此时杆影长度的数值，从而得出四季流转中太阳运行的规律。通过数据比对不难发现，一年中必有那么一天日影最长、一天日影最短，这最长的一天就是被后世称为"冬至"，最短的那天就是"夏至"。在确定了冬至和夏至这两天后，在由冬至到夏至和夏至到冬至的两个半年里再进行对半分，则得到了"春分"和"秋分"这两天。（虽然春分和秋分在立竿测影上并无显著特征，但这两天在确定"天赤道"的方法里有不可替代的作用。）这种通过测量杆影长度变化来确定一年内具体的每一天的方法，后来演化成"圭表法"。

在掌握了"圭表法"计日后，人们自然会因为杆影长度的几个特征数值而注意到一年中四个特殊的日子——冬至、夏至、春分、秋分。而这四个日子在圭表上则反映为三道被着重标记的刻线：冬至点标线离测杆基点最远，夏至最近，春分和秋分时标线到基点的距离等于测杆长度，如图 1.13 所示。

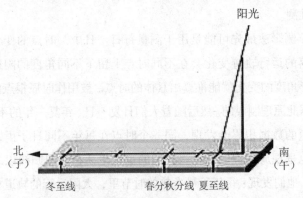

图 1.13　古人经过一个"冷暖冷"周期的测量，利用太阳影子的周期性变化，确立了两分两至点，从而确立了方向

　　因为这三道线在圭表法中是一年时节四等分的依据，所以其重要性独一无二、无可替代。我们的祖先为了彰显其重要性，还将其作为文饰而到处刻画。从一些考古发掘出的出土文物中就可见一斑，如图 1.14 所示的象牙梳就是大汶口文化的遗物，其表面就刻画了一圈呈横 "8" 字形回旋的 "三" 字纹。

图 1.14　大汶口文化距今 6500—4500 年，延续时间约 2000 年

　　这种 "三" 字纹很有可能就是后世阴阳八卦的原形。不过，在那个时代也没有今日之 "阴阳"。虽然从红山文化（距今五六千年）发掘出的玉器中，我们可以发现当时已经有了雌雄两两相比的概念，并有向 "阴阳" 概念发展的趋势，但我们并不能因此而断定当时也会有从 "阴阳" 推演出的 "八卦"。况且，从进化论的角度来看，事物的发展大多会经历从简单到复杂、从孤立到系统的过程。而即使是相对简单的各只有三道线共八个卦象的先天八卦，其中也包含了不少的数理计算。因此，很难想象 "八卦" 能被一蹴而就地发明出来（神话中，伏羲根据天地图形一下子画出来，据说那来源于上天的传授），而应该是经历了反复推演变迁后所得的，八卦应该有更原始、更单纯的雏形源出。所以八卦的雏形起源于没有 "阴阳" 之分的 "三" 字纹是种合乎

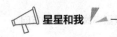
逻辑的推测。后世的八卦很有可能就是"三"字纹与"雌雄相匹"这两种意识交融的成果，两者交融从而催生出"阴阳八卦"。

从考古上看，华夏先祖早在 5000 年前就已经掌握圭表测量的技术，安徽含山—距今 5600 年至 5300 年的考古遗址中所发现的一块玉制龟板上就有表示土圭测日的痕迹，如图 1.15 所示。

图 1.15　龟板上的痕迹具有明显的规律，且有方向性的指示

从此玉龟板上看，当时的古人不仅知道了春分、秋分、冬至和夏至，还有了立春、立夏、立秋和立冬的概念。至此可以认为，我们的祖先已经有了一套相对精确的计时方法，可以通过太阳的变化来测算出今天处于一年四季中的哪个节点上、今时又处于一天中的哪个点刻上。有了这种精确的计时方式，何时进行种植业的播种收获就有了准确的依据，种植业才能高效地运行而规避因择时错误而带来的巨大损失。这在人类生产力发展的历史上是个重大的进步，有了种植业的发展，人类就能用同样面积的土地养活更多的人，从而释放剩余劳动力来从事其他工作，为人类的进步打下了坚实的基础！

2. 从圭表到星象

"圭表法"纪日是在新石器时代晚期的生产力条件下所能运用的套最有效的计时和判定方向的方式。但这套方法在当时却有个明显的短板——需要有专职的观测员脱产（不种地）从事日象观测；并且需要长期（跨年度）固守在某一固定地点才能有效展开工作。这两个问题放在生产力高度发达的当下来看，简直不是问题，但在新石器时代晚期却是个重大难题。

首先，在当时的生产力条件下，各部落的人口总数是相当少的。从目前的考古发现来看，当时一般的城邑也就能容下千把人的人口，其规模也就相当于现在的一个村。受当时的农业水平限制，当时的粮食亩产量是相当低的，不及今日的十分之一（当时的耕种主要为"刀耕火种"，纯粹靠山吃山，没有灌溉、施肥等人工助产手段）。所以在当时生产力条件下，要每个村都来供养几个专职的天文工作者是不现实的。村里人各种各的地，也仅能保证温饱无虞，还要防备各种天灾人祸带来的风险，所以一个小城邑或村落的有限剩余农产品是难以"供养"一套专职的天文观测班子的。因此，当时有限的生产能力是不支持绝大多数城邑村落来长期从事"立竿测影"这一脱产工作的。

其次，当时的农业生产方式也难以保证个人能长期固守某地从事立竿测影工作。众所周知，最早的种植方式是"刀耕火种"，即先以石斧砍伐地面上的树木以及枯根朽茎、草木晒干后用火焚烧。经过火烧的土地变得松软，不用翻地，利用地表草木灰作肥料，播种后不再施肥，一般种一年后易地而种。这种一年一转移的生产方式是新石器时代晚期最普遍的种植方式，如果天文观测人员也跟着进行转移，那么所测得的日影数据必然会引入年际间的地域误差，这对确定具体时节的精确度是会造成重大影响的。

另外，使用立竿测影法就必须先清理出一片大面积的平坦开阔的露天广场，这样才能保证阳光不受遮蔽阻挡地照射到测影竿上。这问题在田亩连片的后世并不难解决，但在灌木连片成林的洪荒年代，要开垦出一大片空旷地也绝非易事。这也需要耗费不少的人力才能办到，

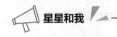

对一般的小城邑或村落而言，是笔沉重的经济负担，没有一定规模的生产力也是难以承办此事的，若是在山区就更困难了。

所以，以立竿测影为原理的圭表法纪日，虽然在技术上能保证计时的准确度，但其人力投入也较大，一般村落难以负担其高昂的经济花销。所以圭表法纪日难以全面推广，我们的祖先需要更经济实惠的方式来解决年内纪日的问题。但此时在太阳观测技术上已经难以再有突破性的技术创新了，于是人们就将目光从白天的太阳转移到了夜晚的星星，希望从星星变化中找到与太阳运行相关的规律，来降低纪日工作的经济成本，以利于推广普及。

3. 为何不是月亮

夜晚的星空中最明亮也最易被观测到的天体，当首推月亮。古人应该先想到月亮呀！但是相对于恒星，月亮的变化规律对于古人来说太难以掌握了。现今我们所用的传统农历，也是以回归月的 29.5 天为一个周期来纪月，对于我们是早已习惯了这种纪月方式，所以往往也就理所当然地认为自古以来都是这么纪月的。那么历史真的是这样吗？

首先，出土文物并不支持此观点。在整理安阳殷墟的出土甲骨时，学者们就发现：殷商甲骨中有不少在"十三月"所做的占辞，而当时各个月的时间也并不固定，最少的仅 28 天，最长的有 32 天——可见当时并没有形成一套持久稳定的纪月方式。从出土文物所示内容以及专业学者的研究来看，中国古代制定出一套完整的以月纪年的方法 (19 年 7 闰)，最早也只能追溯到西周中后期。还有，从近些年挖掘出的山西陶寺天文台遗址来看，最早的纪月方式似乎并不是一年 12 个月，而是一年 10 个月（那时候一年有 5 季：春、夏、长夏、秋、冬，按木、火、土、金、水的相生关系而自然循环，两个月对应一季，似乎是很明显也很有道理的）。今天地处西南的彝族依然使用一种一年十等分的十月历。由此可见，今天所用的"19 年 7 闰"的农历并不能想当然地认为"自古有之，理所当然"。很有可能初始的纪月方式并非以回归月的 29.5 天为基数基准。

其次，要发现"19 年 7 闰"的月相变化规律其实并不容易。因为在人的潜意识里，喜欢以 2、3、5 这三个数为起点，并通过对这几个数的不断扩大倍数来寻找物理运动的数理关系。但"19 年 7 闰"中的两个数"19"和"7"都是质数，与 2、3、5 之间不存在倍数关系，所以要找到 19 与 7 之间的数理联系是需要通过大量的对观测数据的处理才能得到的。

其实，直到春秋战国前，人的平均寿命也就 40 多岁——那就意味着人的一生一般也就能见到两个完整的"19 年"轮回而已。所以个人要在有限生命中，通过有限的天文数据积累来归纳总结出"19 年 7 闰"的年月周期，是件很难办到的事。只有当天文观测数据足够多时，才能建立可靠的数理模型。按统计学的观点来看，至少需要 20 组数据的分析才能达到样本足够大、偏差低于 5% 的数学要求。因此，很难想象在新石器晚期，在有限的观测记录和艰难的保存手段下，我们的先祖就能积累足够多的数据来发现"19 年 7 闰"的月相变化规律。

由此看来，月亮虽然是夜空中最容易被观测到的天体，但其本身独特的运动规律让人难以捉摸，故以月亮的运行轨迹为坐标来简洁明了地追踪和表述太阳的运行轨迹是难以实现的，我们的祖先必须去找到其他的标记方式来标记太阳的运行规律。但夜空中除了月亮外，就是漫天星辰了；在这么多的星辰中，又该挑选哪些既有明显特征，又能被明显观测到的星辰呢？

4. 不动的恒星

在漫天的星星中，首先排除的就是金、木、水、火、土五大行星（这是西汉以后对五大行星的称呼，东周以前并不如此命名）。虽然这五颗星的运行轨迹完全不同于其他星辰自东向西的运行规律，各有各

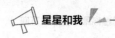

的特色且易于辨认，但这五大行星的运行并不遵循固定（视）轨迹运行，会令初学天文者感到难以捉摸。水星（古称辰星）和金星（古称太白）只有在日出前或日落后的一段时间里出现，还不是全年都能看到；火星（古称荧惑）红色的色泽在漫天星辰中显得与众不同，但其时快时慢的运行轨迹让人无所适从；木星（古称岁星）和土星（古称镇星）是自西向东运行，与其他星体的运动方向相反，而且它们的运行周期太长。五大行星与众不同各具特色的运行轨迹使得它们难以被用于作为纪年纪月纪日的基准星（木星比较特别，被称为岁星，是因为它具有 12 年的公转周期），所以它们首先被排除出候选名单。

其他的星辰虽然都是每晚自东向西运行，且星与星之间的距离与位差始终保持恒定——这也是"恒星"一词的由来——但在数以万计的星辰里，究竟选哪些星辰作为基准的标志星比较合适呢？

仰望夜空会一目了然地发现：整个夜空的恒星在从黄昏到黎明的整个黑夜里，都是像太阳那样从东方升起西方落下，并且也是沿着与太阳运行轨道类似的圆弧轨道运行。于是，古人们自然会思索：能否在这漫天的繁星中找出些易于被观测并有显著特征的星，作为计时的基准标识，并以此为基础制作一套报时定位系统呢？

经过反复的观测，我们处于北半球中高纬度的祖先终于发现：所有恒星的圆弧运动都似乎是在围绕同一中轴作圆周运动，而这个中轴就在天穹上的顶点，应该在北方天空的某一点上，这个点就是所谓的"北极"。如《晋书·天文志》就明确指出："北极，北辰最尊者也，其纽星，天之枢也。"随着更多、更深入的观测，人们又发现，这条"中轴"并不与地平面平行，而是与地平面成一定角度的夹角。而天空中北半球的某些星也因此在一年四季中的无论哪一天都能整夜出现在夜空中，这一片天空构成了后来所谓的"恒显圈"（我国天区分布中最重要的三垣里的恒星基本都属于这里）。这片天空面积所占的比重在夜空中最大，这里的星辰运动轨迹差异也最大。另一部分星在一年中的某些时候是无法被观测到的。当然，还有一部分星因为地轴倾角而始终无法被观测到，也就是后来所谓的"恒隐圈"，但这部分始终看不到的天空显然不在当时古人的考虑范围中，因为这片看不到的天空显然是没有"实用"价值的。于是，我们的祖先就从恒显圈入手，找寻具有观测和实用价值的星或星群。最明显的当然就是"北斗七星"啦！

5. 北斗

古人说到的"北斗"，大家马上就会联想到呈勺状的北斗七星（图1.16）。是的，北斗七星是北半球较为明亮的一组星，不仅我们中华民族的先祖观察到了这一组亮星，北半球其他中高纬度的先民也都看到了它们，譬如古希腊所划分的大熊星座就是以北斗七星为主的星座，生活在北极圈的萨米尔人（瑞典）也有类似的北斗星座，等等。

图 1.16　在旷野中用一般相机拍摄到的北斗七星

为什么北半球的先民都会不约而同地选择北斗七星作为计时定向的工具呢？其实原因也很简单——北斗七星是夜空中最容易被区别和观测的一组亮星。

首先，北斗七星处于北半球天空的恒显圈中，一年四季都能在夜

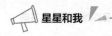
空中被观测到，观测北斗七星可保持观测的连续性；其次，北半球的亮星比南半球的少，而北斗七星又是北半球中少有的一组亮星，所以北斗七星是相对最容易被识别和区分出的一组亮星。观测者在追踪北斗七星的运动轨迹时就不会被其他亮星干扰，对天文初学者来说"易标识"是相当重要的一点。基于以上两点，北斗七星就自然成为居住于北半球中高纬度各地先民的首选天然"报时器"加"定向仪"。

我们的祖先在对北斗进行长期观测后发现，在一日内的整个夜晚中，北斗七星围绕着北极点作圆周运动（图 1.17）。而经过长期的进一步观测后，人们发现：若选择每天同一固定时间观测北斗七星，那么将其全年在此时间点上（每天）所处的位置进行连线，得到的依然是一个以北极为原点的圆周。因此，人们会思考：能否以每日内的一个固定或相对固定的时间点位为基准，通过观测北斗七星的位置来确定每日处于年内的哪个具体时间节点上，从而制作一套相对圭表法而言更加简单易懂的纪日定向方法呢？

图 1.17　通过计算机推演的 2000 年前黄河流域的星象夜景

6. 黄昏

在开始动手制作新的报时器后，遇上最大的难题就是：在一夜中，选择哪个具体时间点观测北斗七星的方位变化，由此来作为全年观测分析的基准呢？这个问题在今天看来简直不是问题，只要大家对个表、定个时不就解决了吗？但遥想在四五千年前的远古，别说钟表，当时连个钟摆沙漏都没有，甚至漏刻之类的最原始计时工具也没有，而日晷圭表之类需要阳光照射才能报时的工具在夜晚又起不到丝毫作用。在这样的情况下该如何确定具体的计时基准点呢？

在当时的生产力条件下（新石器时代），一天内有两个时间节点相对其他时段最容易把握，那就是黄昏和黎明。在这两个时间节点观测，相对其他时段有何优势呢？

首先，黄昏时太阳刚落山，黎明时太阳即将跃起，此时天空由亮转黑和由黑转亮，这两个转换过程都是在相对较短的时间内完成的，一般都不超过三刻钟（图 1.18）。相对于漫漫黑夜，这两个时间节点的时间跨度是小得多的，因此，观测不占用劳作人员很多的时间，精力容易集中。进行星象观测所得的数据的精确度也容易得到保障。

图 1.18　黎明（上）和黄昏（下）时的天象

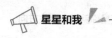

其次，在这两个时间点里观测天象，也能与日晷计时做有效结合。因为，在黎明时，太阳刚从东方地平线露头时，已经有一缕阳光照射到了日晷上，通过日晷已经能大概知道具体时间。而此时光线还很微弱，不足以照耀整个天空，此时西方的天空还处于夜色中，依然能在此时看到西方天空的星辰。同样的道理也适用于黄昏，此时太阳即将西沉，西边的最后一缕阳光还能照射到日晷上，但已经无法照耀东方天际，东方夜色已露，星辰也随之显现。

在确定了两个最佳观测时段后，又应该在两者中选择哪个时段作为基准观测时间点呢？是黄昏，还是黎明？根据各种记载和文献来看，我们的祖先首先选择了黄昏作为观测基准时段。那么相比于黎明，黄昏的优势又在哪呢？

首先，人的自然作息规律是日出而作、日落而息，一般在天亮后人才会醒来，在日落后人才会休息。所以黄昏时刻，人还处于一天中的活动周期内，此时更能专注精神从事天文观测，并且在此之前有充裕的时间做与之相关的准备工作。反观在黎明时分进行观测的话，人刚从睡眼惺忪的状态中醒来，人的精神和体能状态都远未达到最佳状态。若要提前做准备工作的话，更是要在黎明前的黑暗中摸索，这在缺乏人工照明的远古可是件难度不小的工作。由此可见，两相比较后，显然在黄昏时刻观测天象更有利于天文工作的展开，先祖最早约定的天文观测基准时间也因此被定格在黄昏时刻。

在确定了黄昏为基准观测时刻后，再来看北斗七星在一年内的黄昏中有哪些具有典型特征的方位变化。经过观测发现，在冬至前后的冬季中，黄昏时刻北斗七星的斗柄指向北方；在夏至前后，黄昏时刻指向南方；在春分前后，黄昏时刻指向东方；在秋分前后，黄昏时刻指向西方（图1.19）。这就是战国著作《鹖冠子》中所指的："斗柄指东，天下皆春；斗柄指南，天下皆夏；斗柄指西，天下皆秋；斗柄指北，天下皆冬。"后来人们在此基础上，又在四个对角线上加入了"立春、立夏、立秋、立冬"的概念，加上原有的"春分、秋分、冬至、夏至"，一年被八等分、形成了"八节"的概念。

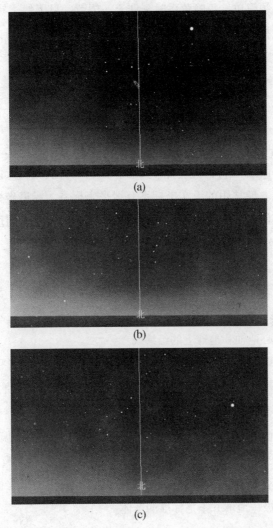

图 1.19 同样是计算机模拟的 3000 年前我国战国时期黄昏时刻天空中北斗七星的形态，春季指东（a）、夏冬则指向南北（b）、（c）

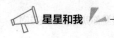

至此，人们终于制作出了另一套可用于年内纪日的报时定向系统，并且相比于圭表法，北斗报时系统的操作更方便。圭表法必须常年固定在某一区域，并配有专职天文观测人员，才能有效运作；而北斗报时系统的要领简单，每晚黄昏时刻仰天一望就一目了然，易学易操作。因此，北斗报时定向系统就成了当时普通大众所熟知的计时器和定位仪，北斗的文化影响力也由此奠定！

1.1.3　地下和天上的关键点

利用天上的星星定位，我们就必须先要为星星们定位。也就是在天上人为地画出（规定）一些点、线、面，用它们来确定天体在星空中的位置。而这些点、线、面构成的体系就是我们观测天体所使用的天文坐标系。最常用的天文坐标系有地平坐标系、赤道坐标系和黄道坐标系，其他针对特殊的需要还有诸如白道坐标系（专门用来观测月球）、银道坐标系（专门用来观测银河系）等。

1. 地球上的点和线

无论是什么形式的坐标系，无论我们要做什么观测，都是要在地球上进行的，所以，我们先来了解和"规划"地球吧。

（1）地心地轴和地球上的经纬线

地心：地球的中心叫作地心，也就是球体地球的球心（图1.20）。

地轴：理论上来说，任意穿过地心在地球表面对称的轴，都可以称之为地轴。不加说明的话，一般来讲地轴指的是地球的自转轴。

地极：地轴在地球表面对称出现的两点叫地极。由于地球自转是由西向东的，所以，地极有南极和北极。地球上存在三套地极系统：通常所指的是运动的南北极（对应的是自转轴）、地理上的南北极和几何意义上的南北极（地球并不是标准的球体）。

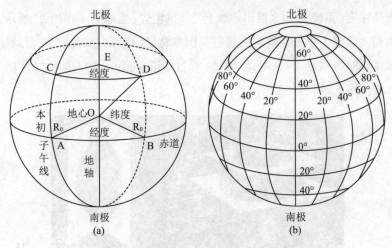

图 1.20　地心、地轴、地球南北极

经线(子午线):通过地轴的平面同地球相割而成的圆(图 1.21(b))。经线都是大圆的一半,都在两极相交,大小相同。

纬线:垂直于地轴的平面同地球相割而成的圆(图 1.21(a))。纬线相互平行,大小不等。

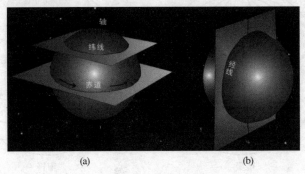

图 1.21　经线和经线

经纬网和经纬度:由东西走向的经线和南北走向的纬线构成的"网",就叫经纬网。分别从零度经线和零度纬线开始度量的系统称之为经纬度（系统），用来给出地球上某点的位置（坐标）。如图 1.22 所示。本初（起点）子午线规定为通过英国格林尼治 (Greenwich) 天文台的经线（1884 年确定），也叫 0° 经线；经过赤道 (equator) 的大圆称之为 0° 纬线（图 1.23）。

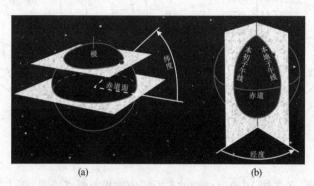

图 1.22 经度就是某地经线到本初子午线的角度（b）；纬度则是经过某地的纬线的那个小圆与赤道面的夹角（a）

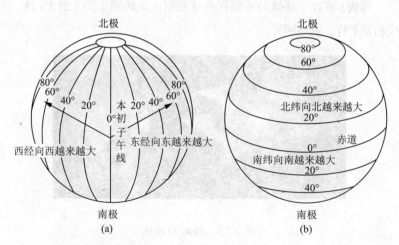

图 1.23 经度从本初子午线开始向东、向西各 180° 记数（a）；纬度从赤道开始向北、向南各 90° 记数（b）

（2）地理坐标

某地的经度和纬度相结合，叫作该地的地理坐标。地理定位就是将地理坐标与地球上的点一一对应。书写按惯例是先纬度，后经度；数字在先，符号在后。如北京（39° 54′ N, 116° 23′ E）、舟山（29° 57′ N，122° 01′ E）。

地球上的方向通常是指地平方向。南北方向（经线方向），是有限方向；东西方向（纬线方向），是无限方向，理论上亦东亦西；实际上非东即西。

我国传统上把正午太阳所在方向定为正南，而把日出日落的方向视为东西方向；东西方向与地球自转相联系，可以这样判断：右手大拇指伸出，其余四指弯曲，大拇指指向天北极，其余四指弯曲的方向为自西向东的方向。在用时针的方向表述地球自转方向时，必须明确观测者是立足于哪个半球观测地球自转的。

（3）特殊的标志

本初子午线之所以在伦敦的格林尼治，是和"日不落"的大英帝国相关联的（图 1.24）。目前那里更多地体现为旅游标志地。

图 1.24　"日不落"的大英帝国和本初子午线标志

厄瓜多尔位于南美洲西北部，赤道横贯国境北部，厄瓜多尔就

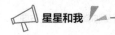

是西班牙语"赤道"的意思。厄瓜多尔一家名为"世界中心"的主题公园自称位于赤道上，而经全球卫星定位系统（the Global Positioning System,GPS）测定，根本不是那么回事。这家主题公园自己画的 0°–0'–0" 纬度线并不是真正的赤道（图1.25），而是偏北了240米。对此，公园官方解释说，位于公园内的赤道纪念碑修建于1936年，那时的定位技术不像现在这么精准。据悉，这家公园为国家所有，每年能够吸引大约50万名来自全球各地的游客。有趣的是，前往参观真正赤道线所在地的游客却少于前往主题公园的游客人数。

图1.25　位于厄瓜多尔"世界中心"的主题公园内的赤道标志线

　　地球的标志线中，唯一经过我国的就是北回归线。广东是世界上建有北回归线标志最多的地方，中国大陆最早的北回归线标志在封开，中国大陆最东的北回归线标志在汕头，世界最高的北回归线标志在从化（图1.26（b））。夏至中午，在汕头、从化和封开三处的北回归线标志，都可观察到阳光从北回归线标志的顶部圆孔直射到地面的景象。最佳观赏时间是：汕头北回归线标志12时15.4分，从化北回归线标志12时27.8分，封开北回归线标志12时35.8分。此外，云南的墨江建有"北回归线公园"（图1.26（a）），为我国的科普事业贡献很大。

图 1.26　云南墨江的"北回归线公园"（a）和广州从化的"北回归线标
　　　　　志塔"（b）

2. 天球坐标（系）

　　人类最早用于观测天体的坐标系是"地平坐标系"，它的主要构架
为地平圈、等高圈和北南东西四个标准点。地平坐标系更适用于确定
地理方位，随着人们对星空观测的需要，逐渐开始采用"赤道坐标系"
和更容易对黄道天体（太阳、月亮、五大行星都属于黄道天体）的观
测而进化采用了"黄道坐标系"。

　　（1）天球和天体的运动

　　敕勒川，阴山下，

　　天似穹庐，笼盖四野。

　　天苍苍，野茫茫，

　　风吹草低见牛羊。

　　这首古代的北朝敕勒民歌有着多么宽广的气概呀！天似穹庐，我
们一直就把我们头顶的天空称为"天穹"，把一望无际的天边（线）称
为"地平线"（图 1.27）。

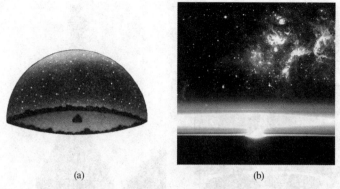

图 1.27　在我们头顶上像一个"锅盖"一样的"天穹"（a）和黎明时在天际边的"地平线"（b）

　　"天穹"是地上的半个（天）球，不难想象地下也应有半个（天）球，合成在一起就是一个——天球。天球就是以地心为球心，半径为任意的假想球体（图 1.28），是表示天体视运动的辅助工具，它是一个完整的球，是一个我们目力所及的圆球。我们设想天体都是在天球上运动的。在天文学研究中，也有地心天球和日心天球之分。

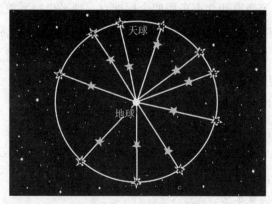

图 1.28　天球的半径是任意的，所有天体，不论多远，都可以在天球上有它们的投影。这里显示的是地心天球，主要用来研究天体的视运动。替代地球，以太阳为中心的天球叫日心天球，主要用来进行天体运动研究的动力学计算

随着地球一天的自转，反映到天体就是"周日视运动"。对于地球观测者，天球围绕我们以与地球自转相反的方向（向西）和相同的周期旋转。天球上的天体则随着地平高度的不同，它们周日"视"运动行经的路线，越近天极的天体周日圈越小，反之亦然（图1.29）。

图 1.29　天体周日视运动的轨迹，天文学称之为"拉线"

天体除去"周日视运动"，还参与"周年运动"。比如太阳的周年运动（图1.30）方向是自西向东，与地球公转方向相同。太阳"周年视运动"的视行路线被称为黄道。天体的"周年运动"还会产生星空的季节变化（图1.31）。

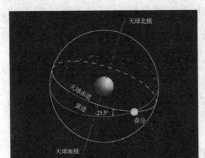
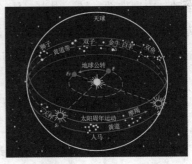

图 1.30　太阳的周年运动

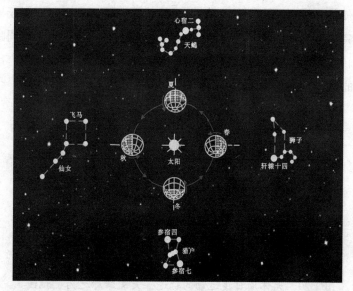

图 1.31　由于地球绕太阳公转造成的太阳周年视运动而产生的四季星空更替的现象（图中对应的是观察者当地时间晚上 8 时左右的星空），这一现象也可以由地球的自转产生，只不过地球自转的 24 小时中，有 12 个小时星空被太阳的光芒所覆盖了

　　太阳同时参与两种相反的运动。由于地球自转而随同整个天球的运动，方向向西，转一周为一日；由于地球公转而相对于恒星的运动，方向向东，巡天一周为一年；所以，太阳的周日运动由于参与周年运动的原因是落后于永远不动的恒星的。

　　（2）天球上的圆和点

　　根据天文坐标系的需要，我们在天球上设置了一些基本的圈和点（图 1.32）。

　　三个基本大圆：地平圈、天赤道、黄道。

　　三对基本（极）点：地平圈两极——天顶和天底；天赤道的两极——天北极和天南极；黄道的两极——黄北极和黄南极。

　　各大圆所产生的（重要）交点：天赤道交地平圈——东点和西点；黄道交天赤道——春分点和秋分点。

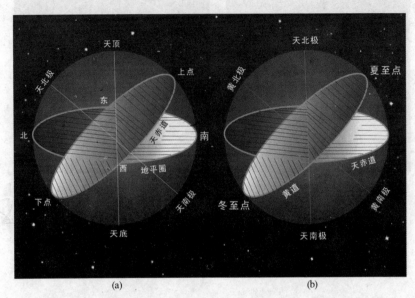

(a)　　　　　　　　　　　　　　　(b)

图 1.32　天球上根据天文坐标系的需要而设置的基本圈和基本点。（a）地平圈与天赤道的交点（东、西）和远距点（南、北、上点、下点）；（b）黄道与天赤道的交点（春分秋分）和远距点（夏至冬至点和黄道起始点）

　　天球上的方向是地球上方向的延伸。东西方向是这样规定的：俯视天北极，逆时针方向为东，上北下南。天球上只有角距离（图 1.33）。

　　（3）天球坐标系

　　天球是一个球形，所以天文坐标系都属于球坐标系。球坐标系的一般模式是以基圈、始圈和终圈构成一球面三角形。纵坐标即纬度；横坐标即经度（图 1.34）。

　　天球坐标系一般分为两大类，右旋坐标系：与天球周日运动（地球自转）联系，向西；左旋坐标系：与太阳周年运动（地球公转）联系，向东。

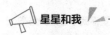

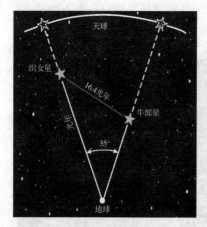

图 1.33 最著名的"鹊桥会"，两个主角牛郎织女的实际距离是 16.4 光年，而我们在天球上看去，它们的角距离是 35°

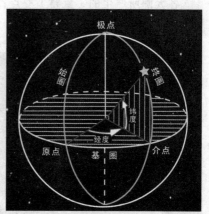

图 1.34 球坐标系的基本构成

①地平坐标系（图 1.35）

用途： 表示天体在天空中的高度和方位；

基本圈： 地平圈、子午圈、卯酉圈；

基本要素： 原点——南点、始圈——午圈、纬度——高度（0°~90°，从地平圈向天顶度量）、经度——方位（0°~360°，自南点向西沿地平圈度量）。

②赤道坐标系（图 1.36）

用途： 表示天体在天球上的位置；

基本圈： 天赤道、二分圈和二至圈；

基本要素： 基圈——天赤道、原点——春分点、始圈——春分圈、纬度——赤纬（自赤道面向北向南 0°~±90° 度量）、经度——赤经（自春分点沿天赤道 0°~360° 向东度量）。

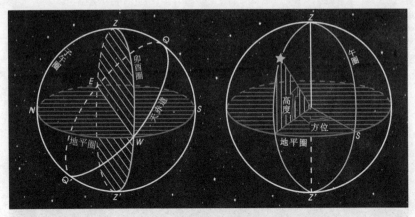

图 1.35　地平坐标系的基本要素

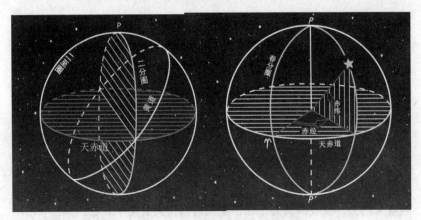

图 1.36　赤道坐标系的基本要素

③黄道坐标系（图 1.37）

用途： 表示日月行星等黄道天体的位置及其运动；

基本圈： 黄道、无名圈（通过春分点的黄经圈）和二至圈；

基本要素： 基圈——黄道、原点——春分点、始圈——无名圈、纬度——黄纬（自黄道面向北向南 0~±90° 度量）、经度——黄经，自春分点沿黄道向东度量（为使太阳的黄经"与日俱增"）。

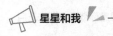
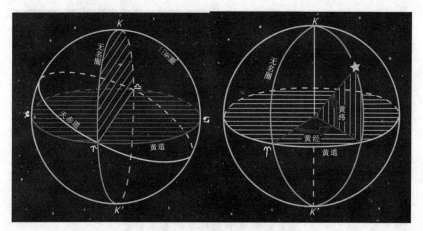

图 1.37　黄道坐标系的基本要素

1.2　认识星空的各种办法

　　这个世界如果只有往地上看的人，却没有往天上看的人的话，那这肯定是一个阴惨的社会。已经搞不清这段话是哪个"名人"说的啦。也可能他只是在谈哲学或在熬"鸡汤"，不管怎样，抬头看看天，日间的蓝天白云，夜晚的满天星辰，起码可以让人放松一下吧！

　　你可能会问：看星星，那要懂得天文学吧……很多人觉得，欣赏星空、掌握一定的天文知识是一件很难的事。不要存在这种想法，并不是让你真正地去研究天文，而是业余的学习，记住一句话：业余天文学永远应该是平静的、充满乐趣的。事实上，只要你有意愿，只要你有一个正确、良好的开端，欣赏星空就一定会成为你一生的爱好。因为观察星空，能体会到宇宙的博大，使你心胸开阔；辨认星座、恒星以及其他天体，了解有关它们的知识是一种极富乐趣的挑战。当你沉浸在星光中时，你的身心都会得到充分而积极的放松。好吧，让我们先尝试着去做一名"天文爱好者"吧！

1.2.1　先成为天文爱好者

成为天文爱好者，如何起步呢？天文学是一个富含知识的兴趣爱好。它的乐趣来自于勤于思考之后的发现和获得有关神秘夜空的知识。但是，除非你周围有一个活跃的天文俱乐部或天文爱好者协会（实际上，几乎每个大中城市、每个高校甚至中学都有的），否则你不得不靠自己去发现新事物、获取新知识。换句话说，你必须靠自学。

1. 先去欣赏

去买一本有关星座故事及介绍星空随时间变化知识的书，那里面肯定有星图或者类似认星空用的活动星图。然后按照书上的指引和星图的使用说明，在晴朗的夜晚对照星空辨认星座。你会惊喜地发现，只要几个晚上，那些向你眨眼的星星，再也不是杂乱无章的了。你会轻松地指出："那是狮子座，那是北极星。"

2. 不急于买望远镜

许多人认为只有用望远镜才能领略星空的美丽，才能成为天文爱好者。这是错误的想法。实际上如果你不熟悉星空，不认识任何星座及亮星，即使你拥有一架望远镜，你也不知道要指向哪里！还是先买一些供学习用的书籍和星图，然后不断地观察星空，最后达到熟悉夜幕上肉眼可见的每一个天体的情况，充分体味观星的快乐。

3. 先买双筒望远镜

对于刚刚跨入天文爱好之门的人来说，双筒望远镜是应该拥有的最理想的"第一架望远镜"。这是因为：首先，双筒望远镜有较大的视场，很容易寻找到目标；另外双筒望远镜所成的像是正像，很容易辨认出视场中出现的景象在夜空中的什么位置。一般的天文望远镜所成的像

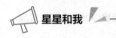

往往是倒像，有的上下颠倒，有的上下左右全颠倒。还有，双筒望远镜相当便宜，除观星之外还可有许多其他用途，如看演出及体育比赛，观远处风景或天空中的飞鸟等，并且轻便、易携带。最重要的，双筒望远镜表现十分出色，一般 7~10 倍的双筒望远镜提高肉眼观测能力的程度，相当于普通爱好者用天文望远镜能力的 1/2，而其价格只有普通天文望远镜的 1/4。这表明双筒望远镜的性能价格比很好。

对于天文观测，望远镜主镜越大越好，但光学质量优越也是十分重要的，许多双筒望远镜的光学质量都很好，完全能达到观星要求。

4. 如何用双筒望远镜欣赏星空?

一旦拥有了自己的双筒望远镜，如何使用呢? 你可以对着明月看环形山，可以在银河系畅游，而后再看些什么呢? 如果你熟悉星座，有一本详细的星图，那么用双筒望远镜的观星计划可以将你一生的时间全部排满! 值得你去看的有:

（1）110 个梅西叶天体。它们是漂亮的星云、星团和星系。是 18 世纪后期法国天文学家梅西叶编写的《星云星团总表》中的天体。

（2）不断变化位置的木星的四颗卫星。坚持观测一段时间，你就会发现那是一个卫星绕着木星旋转的"小太阳系"。

（3）金星的盈缺变化（图 1.38）。金星是"地内行星"，而且离地球也足够近，在双筒望远镜里你就能欣赏到它会像月亮一样改变形状。

（4）月球上的月陆、月海及环形山（图 1.39）。月球上直径大于 1 千米的环形山总数有 3 万多个，占月球表面积的 7%~10%。环形山大多以著名天文学家或其他学者的名字命名，月球背面有 4 座环形山，分别以中国古代天文学家石申、张衡、祖冲之、郭守敬的名字命名。对照"月面图"去找到它们。

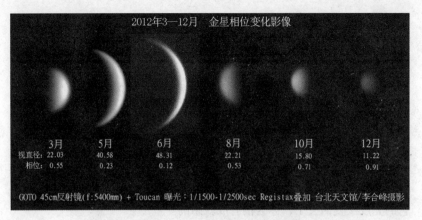

图 1.38 这是中国台湾省的一个天文爱好者拍摄的"金星相位变化影像"

图 1.39 月球上的月陆、月海及环形山

（5）流星和流星雨。用肉眼就可以欣赏流星和流星雨的美丽，但

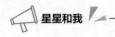

使用望远镜可以观察流星雨的"辐射点"。

（6）彗星。天文爱好者观测彗星一般都是要从它还没有"拉出尾巴"时，就开始跟踪观测。

（7）火星、土星、天王星。你会发现望远镜里的"它们"，改变了"模样"。

（8）跟踪变星的光度变化。这是很多天文爱好者最喜闻乐见的一件事，而且，它还能让你产生坚持天文观测的兴趣。想想看，几天甚至几小时前还是很暗的星星，突然间变亮了……一个时间周期之后，它的亮度又变回去了，你会很有成就感的。

一本好的星图能描绘出隐藏在星空暗处的秘密，一些描述如何用双筒望远镜观测星空以及可观测到天体的知识的书，都是充分利用双筒望远镜欣赏夜空必不可少的帮手。不过，双筒望远镜最大的缺点是不稳定。只要你想办法将其固定在支架上，如相机三脚架上，则可解决此问题。

5. 结交有共同爱好的朋友

自己观测星空会充满乐趣，与有共同爱好的朋友一同搜索星空，交流感想及经验，则更是乐趣无穷！

欣赏星空要求你要有毅力与耐心，需要开朗与乐观

当你正欣赏星空时，一片乌云飘来，此时你毫无办法；对于极深远暗弱的天体，你无法让它们近一些、亮一些以便更清楚地观看；对于长时间期待，做各种观测准备的天文事件，真正发生时，持续的时间极其短暂，如日全食，更糟糕的是在这极短的时间里，一片云遮挡了你的视线。所有这些都需要你具有相当的耐心，宇宙不会以任何人的意志而改变。作为我们人类，只能凭毅力与耐心，去欣赏它的和谐与美丽。

另外，观测时最好要带观测笔记，观测后要写观测报告，让我们

学会做事情的"有始有终",不断积累资料会让你的水平提高得更快!

爱好天文、喜爱星空是一件令人快乐的事情。如果你虽十分努力,但还是没有达到预期目的,如你计划要用望远镜观察天王星,结果花去几个小时也没能成功。这时的你应深吸一口气,然后对自己说,虽然如此,你也不抱怨,因为你为寻找天王星所做的一切努力都让你觉得十分有趣!

记住:爱好天文,一定要乐观、开朗!

1.2.2　做好准备

星空观测毕竟是要在夜间进行,所以提前做好准备是十分必要的。这里主要针对目视观测爱好者,如果你能进展到利用望远镜观测,那基本上在这里列出的情况之外,再注意望远镜即可。观测前准备包括:

(1)看天气预报;

(2)留意空气质量报告;

(3)避开月光;

(4)从目视观测起步;

(5)选择空旷、无(少)遮挡、无(少)灯光的观测地点;

(6)准备好星图(活动的或电子的)。

说得详细一些就是:

(1)观星前要注意天气,这个重要性不言而喻。天晴是基本的要求,当然有几朵零星的云倒也没多大关系。还有一句和星空不太相关的,就是注意天气变化(预报),防寒保暖、防风。

(2)有关空气质量,建议观星前查查实时的空气质量指数。如果有"雾霾"之类的情况存在,虽然天空中没有云,但实际观感会很不好,天空像是蒙了一层灰,星光黯淡。

(3)还有一个是月光的影响。还记得"月朗星稀"吧? 我们在《天

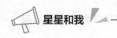

文知识基础》一书里，提议大家利用"月明星稀"的环境去看星星。怎么现在的观点会"相反"了？这取决于两点，第一，对初学者来说，能认识几颗亮星就很不错了，那还是选择"月明星稀"；第二，现在的天空环境，即便是没有月亮、"雾霾"的影响，环境造成的背景光已经很强了，再把"月明星稀"叠加上去，那就只能赏月了。

而且，月亮作为天空中亮度仅次于太阳的天体，其实还是挺有杀伤力的。想看到更多的星星，就要尽可能避开月亮，所以观测前看看农历，避开十五以及前后几天，这几个日子月亮几乎整晚都挂在天空。当然了，如果目的是观测月亮那又另当别论。

（4）对于初学者，眼睛就是最好的观测仪器。这样说吧，初学者的重点是认星，而不是观测。你先适应了星空，再带上你的仪器。

（5）选一个空旷、无遮挡、无灯光的环境就可以了，目前这样的场合越来越少了，学校里的操场应该是一个不错的选择。如果选择远离城市的郊外，建议你一定要事先"踩点"。

（6）记得准备好星图。不只是初学者，即便是有一定观星经验的天文爱好者，有时候也要拿出星图确认自己的结论是否正确。过去有专门针对入门天文爱好者设计的活动星图，现在的话只需要用手机下载星图软件即可。

手机有陀螺仪的，拿起手机，打开星图软件，设置好当前的经纬度坐标以及日期时间，然后就可以辨认星星啦！

没有陀螺仪会麻烦一点，需要自行确定方位，其实就是找北，这个可以通过自身地点结合当地的地图确定。找到北以后，拿起手机，打开星图软件，设置好当前的经纬度坐标以及日期时间，将星图中的方位与实际方位一一对应即可。

没手机星图你一定是有活动星图了！或者你旁边有一个"活"的星图，就是找一位"高手"指引你。

做好这些准备工作了，还有几句话要说。就是我们看什么，或者说认星星，从哪里找起。如果你没有特殊的观测使命，就从那些易于辨别有观赏价值的星座或天象开始。什么叫"易于辨别""有观赏价值"？这个因地因人而异。我们这里介绍一些著名星群：

春季大曲线（含春季大三角）：北斗七星、大角星（牧夫座 α）、角宿一（室女座 α）和狮子座的五帝座一以及轩辕十四；

夏季大三角：牛郎星（天鹰座 α）、织女星（天琴座 α）和天津四（天鹅座 α）；

秋季四边形：飞马座的 α、β、γ 星以及和仙女座 α 星；这个对于初学者来说，应该主要是欣赏它的形状连带判断方向；

冬季六边形（冬季大三角）：天狼星（大犬座 α）、参宿七（猎户座 α）、毕宿五（金牛座 α）、五车二（御夫座 α）、北河三（双子座 β）以及南河三（小犬座 α）；

北斗七星：大熊星座的臀部和尾巴；

南斗六星：这个对于初学者来说有点难找到，位于银河系中心处的人马座，是我们国家的斗宿（斗宿一、斗宿二、斗宿三、斗宿四、斗宿五、斗宿六）。

"有观赏价值"的星座：怎么理解所谓的"有观赏价值"？其实就是"看上去就真是那样子"的星座，就是形象与名字相符。如狮子座、天蝎座、猎户座、双子座。

"易于辨别"的星座：小熊座（小北斗）、仙后座（呈 W/M 形）对照着星图，很快就能把上述所说的星座/星群找到。

我们在后面的内容里会为大家仔细介绍如何观星、认星的。

1.2.3　星座　星等　星空

认识天上的星星，如果告诉你这都是天文爱好者做的事情，真正

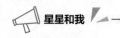

的天文学家并不认识几颗星星，那你会相当错愕！那他们怎么进行观测呀？有星图、星表呀！比如观测一般的天体，我们只需知道它的具体坐标（一般是赤经赤纬、黄道天体用黄经黄纬），然后操纵望远镜的动力系统，让望远镜"指向"那个天体就可以了。所以说，我们这里要谈的星座、星等、星图等，更多的是用来为天文爱好者认识星空而准备的。

1. 星座

星座就是对星空的划分，就像地图一样。规定了一定的区域，你就能很方便地找到你想去的地方。而在天上，自然就是为了方便我们找到想看的星星。就像我们在本套丛书第二册《星座和易经》里介绍的那样，几乎世界上的各个国家的所有民族，都有对天观测、定位的历史和记录。但是，系统性的、能够完整继承保留下来的，就是我国的三垣四象二十八星宿和西方国家的88星座体系。

就我国看到的星空来说，可以大致先把整个可见恒星天空分成两个大星区：北极星附近的星区和天球赤道与黄道经过的星区。中国古代的三垣主要是在北极星附近的星区，也就是"恒显圈"里面：紫微垣、太微垣和天市垣。三垣代表三座城堡、三大职责区域划分。比如，紫微垣是皇家的居住地、太微垣代表政府机关所在，而天市垣就是天上的贸易场所。我们会在后面的内容中详细介绍的。二十八星宿则分布在"围绕"北极星一周的黄道带上（最早选择的是赤道带恒星，后来为了确定季节、编纂年历的需求而选择了黄道带恒星）。

二十八星宿就是沿黄道和赤道将天区分为大小不等的28个小区（图1.40）。宿就是住地的意思。月亮在绕地球运动过程中，每日从西往东经过一宿。结合东西南北方位，人们又把相连的七宿合称一象，共四象。每象用有代表性的动物名称命名。它们是苍龙：角、亢、氐、房、心、尾、箕七宿；玄武（龟和蛇）：斗、牛、女、虚、危、室、壁七宿；

白虎：奎、娄、胄、昂、毕、觜、参七宿；朱雀：井、鬼、柳、星、张、翼、轸七宿。二十八星宿是从角宿至亢宿开始，这和日月五星从西往东运动的方向是一致的。可见，古人对恒星与日月五星的相对位置变化的认识是颇为充分的。

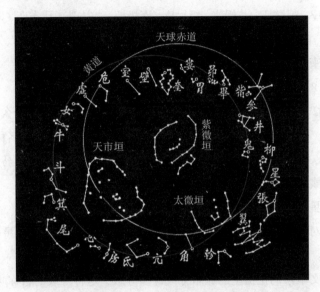

图 1.40　三垣和二十八星宿

西方国家最早的星座划分是两河流域的"黄道十二星座"，后到托勒密的 48 个星座。后人不断地增加、改进，到 1928 年，国际天文学联合会决定，将全天划分成 88 个星区，称之为星座。在这 88 个星座中，沿黄道天区有 12 个星座。它们是双鱼座、白羊座、金牛座、双子座、巨蟹座、狮子座、室女座、天秤座、天蝎座、人马座、摩羯座、宝瓶座。除此之外，北半天球有 29 个星座。它们是小熊座、大熊座、天龙座、天琴座、天鹰座、天鹅座、武仙座、海豚座、天箭座、小马座、狐狸座、飞马座、蝎虎座、北冕座、巨蛇座、小狮座、猎犬座、后发座、牧夫座、天猫座、御夫座、小犬座、三角座、仙王座、仙后座、仙女座、英仙座、

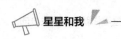

猎户座、鹿豹座。南半天球有 47 个星座。它们是唧筒座、天燕座、天坛座、雕具座、大犬座、船底座、半人马座、鲸鱼座、蝘蜓座、圆规座、天鸽座、南冕座、乌鸦座、巨爵座、南十字座、剑鱼座、波江座、天炉座、天鹤座、时钟座、长蛇座、水蛇座、印第安座、天兔座、豺狼座、山案座、显微镜座、麒麟座、苍蝇座、矩尺座、南极座、蛇夫座、孔雀座、凤凰座、绘架座、南鱼座、船尾座、罗盘座、网罟座、玉夫座、盾牌座、六分仪座、望远镜座、南三角座、杜鹃座、船帆座、飞鱼座。

这 88 个星座大小不一，形态各异，范围最大的是长蛇座。它东西跨过 102°，真是名副其实的"长蛇阵"。不过这个星区没什么特别亮的恒星，不怎么引人注意。88 个星座中有 45 个星座是用动物名称命名，有飞禽、猛兽、昆虫和水中动物。还有传说中的怪兽，如人马座、摩羯座和麒麟座等。

2. 星等

面对满天繁星，对初学认星的人来说，最大的感受是星星明暗差异甚大。

天文学家们把恒星的亮暗分成许多等级，这种等级的名称叫星等。星等是表示天体相对亮度的数值。星越亮，星等数值越小；星越暗，星等数值越大。我们知道，看起来光的明暗，一方面与光源的发光强度有关，另一方面和光源与观测者的距离有关。因此，我们凭视觉表示的星等叫视星等，它反映的是天体的视亮度。

早在公元前 2 世纪，古希腊的天文学家喜帕恰斯给出了一份标有1000 多颗恒星精确位置和亮度的恒星星图。为了清楚地反映出恒星的亮度，喜帕恰斯将恒星亮暗分成等级。他把看起来最亮的 20 颗恒星作为一等星，把眼睛看到最暗弱的恒星作为六等星，在这中间又分二等星、三等星、四等星和五等星。

喜帕恰斯在 2100 多年前奠定了"星等"概念的基础，他规定天上最亮的织女星（他当时认为织女星最亮）为零等星，肉眼刚刚能看见的星星为六等星。一直沿用到今天。当然，这里说的是"（目）视星等"，也就是我们人类用肉眼看到的星星的亮度。与恒星的发光强度（发光能力）相对应的叫做"绝对星等"，是"想象"把所有恒星都放到离我们相同的距离上，就是考虑把恒星都放到十个秒差距也就是 32.6 光年的距离处得到的亮度。

到了 19 世纪中叶，由于光度计在天体光度测量中的应用，发现从一等星到六等星之间差五个星等，亮度相差约 100 倍。也就是说，一等星比六等星亮约 100 倍。一等星比二等星亮约 2.512 倍，二等星比三等星亮 2.512 倍，以此类推。把比一等星还亮的定为零等星，比零等星还亮的定为 –1 等星，以此类推。同时，星等也用小数表示。这样，比星星要亮很多的太阳、月亮等就需要用负数来表示。比如，太阳的亮度为 –26.7 等星，满月为 –12.7 等星，金星最亮时为 –4.2 等星，全天最亮的恒星——天狼星为 –1.46 等星，老人星为 –0.72 等星，织女星实际为 0.03 等星，牛郎星为 0.77 等星。

在晴朗而又没有月亮的夜晚，出现在我们面前的恒星天空中，眼睛能直接看到的恒星约 3000 颗，整个天球能被眼睛直接看到的恒星约有 6000 颗（亮于 6 等星）。当然，通过天文望远镜就会看到更多的恒星。中国目前最大的光学望远镜，物镜直径 2.16 米，装上特殊接收器，可以观测到 25 等星。美国 1990 年 4 月 24 日发射的绕地运行的哈勃空间望远镜，可以观测到 28 等星。

星等又分为目视星等、绝对星等、照相星等、光电星等。

3.恒星的名称

"人"是总体概念，"恒星"也是总体概念。具体的人要有名字，具体的物也要有名字。天上的恒星也都有名称吗？毋庸置疑，每颗恒星也有名字。这样，我们就可以更具体、方便地观测分析和研究它们。

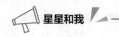

当然，所谓名称，正如你我的名字一样，仅起代号的作用罢了。

天文学家对灿烂的恒星天空"管理"有序，在恒星户口的规范档案中，第一项就是恒星的名字。

中国古代早就给明亮的恒星起了专门的名字。这些恒星名字可以归纳为几种类型：根据恒星所在的天区命名，如天关星、北河二、北河三、南河三、天津四、五车二和南门二等；根据神话故事的情节来命名，如牛郎星、织女星、北落师门、天狼星和老人星等；根据中国二十八星宿命名，如角宿一、心宿二、娄宿三、参宿四和毕宿五等；根据恒星的颜色命名，如大火星（即心宿二）；还有根据古代的帝王将相官名来命名等。

上述恒星都是比较引人注目的亮星，它们是恒星中的"大人物"。然而它们在恒星中仅是极少数。除此之外，暗弱的恒星是多数，这些是"小人物"。这些"小人物"基本上都是按照二十八宿的分区而命名的。比如，构成南斗的六颗星就叫：斗宿一、二、三、四、五、六。

西方国家对星星的命名，更多的是重视那些亮星。1603 年，德国业余天文学家拜尔注意到前人对恒星命名的"偏见"。他给出了这样的建议：每个星座中的恒星从亮到暗顺序排列，以该星座名称加一个希腊字母顺序表示。如猎户座 α（中名参宿四）、猎户座 β（中名参宿七）、猎户座 γ（中名参宿五）、猎户座 δ（中名参宿三）……如果某一星座的恒星超过了 24 个希腊字母，就用星座名称后加阿拉伯数字。如天鹅座 61 星、天兔座 17 星等。

4. 天空的亮度

什么叫"天空的亮度"？观测星空，不是应该越黑越好吗？是的呀，很久以前这不是问题，随着人类生活的"城市化"，要想见到真正黑暗、适合天文观测的天空，是越来越难找了。为了能够更好地观测，以及更好地评价自己的观测成效，这里介绍一种"黑暗天空分级法"。

你的夜空有多黑？对这一问题的精确回答有助于对观测场地进行评估、比较。更重要的是，它有助于确定在这个观测地你的眼睛、望远镜或者照相机是否能达到它的理论极限。而且，当你记录一些天体的边缘细节时，例如，一条极长的彗尾、一片暗弱的极光或者星系中难以察觉的细节，你需要精确的标准来对天空状况进行评定。

许多人声称在"很暗"的观测地进行观测，但从他们的描述中可以发现，他们所描述的天空仅只能算是一般的"暗"而已，或者只能是相对地来说"暗"。现今大多数的观测者已经无法在合理的驾驶里程之内找到一个真正黑暗的观测地。因此，一旦能找到一个用肉眼就能看到 6.0~6.3 等恒星的半乡村地点，就认为已找到一个观测的极乐世界了！

天文爱好者通常使用肉眼所能见的最暗恒星的星等来评定天空。然而，肉眼极限星等是一个比较粗糙的标准。它过于依赖个人的视觉能力，以及观测时间和对观测暗弱天体的能力。一个人眼中"5.5 等的天空"在另一个人眼中可能是"6.3 等的天空"。此外，深空天体观测者需要对恒星和非恒星天体的能见度进行评价。光污染会对弥散天体的观测造成影响，例如彗星、星云和遥远的星系。为了帮助观测者评定一个观测地的黑暗程度，天文学中有一套含有 9 个等级的"黑暗天空评价系统"。三角座中的三角星系（M33）是重要的黑暗天空"指示器"。一个已完全适应黑暗天空的观测者可以在 4 级以上的天空中用肉眼看到它（图 1.41）。

第 1 级：完全黑暗的天空。黄道光（图 1.42）、黄道带都能看到。黄道光达到醒目的程度，而且黄道带延伸到整个天空。甚至仅使用肉眼，三角座中的三角星系（M33）也是一个极为清晰的天体。天蝎座和人马座中的银河区域可以在地面上投下淡淡的影子。天空中的木星或金星甚至会影响肉眼对黑暗的适应程度。气辉（一种一般出现在地平线上 15° 的天然辉光）也稳定可见。如果你在由树木围绕的草地上观测，

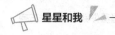

那你几乎无法看到你的望远镜、同伴和你的汽车。这里是观测者的天堂。

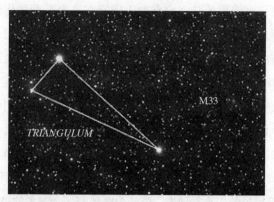

图 1.41　作为一个"黑暗天空评价系统"的参考标志，你可以在真正
　　　　　开始观测之前，先找到 M33，利用它来评定你的天空

图 1.42　黄道光是一些不断环绕太阳的尘埃微粒反射太阳的光而成。黄
　　　　　道光因行星际尘埃对太阳光的散射而在黄道面上形成的银白
　　　　　色光锥，一般呈三角形，大致与黄道面对称并朝太阳方向增
　　　　　强。总地来讲黄道光很微弱，除在春季黄昏后或秋季黎明前
　　　　　在观测条件较理想情况下才勉强可见外，一般不易见到

　　第 2 级：典型的真正黑暗观测地。沿着地平线气辉微弱可见。M33
可以被很容易地看到。夏季银河具有丰富的细节，在普通的双筒望远

镜中其最亮的部分看起来就像有着纹路的大理石。在黎明前或黄昏后的黄道光仍很明亮，可以投下暗弱的影子，与蓝白色的银河比较它呈现很明显的黄色。任何在天空中出现的云就好像是星空中的一个空洞。除非在星空的照耀下，你仅能模糊看到你的望远镜和周围的事物。梅西耶天体中许多球状星团都是用肉眼就能直接看到的目标。经过适应和努力，肉眼的极限星等可达到 7.1~7.5 等。

第 3 级：乡村的星空(图 1.43)。在地平线方向有一些光污染的迹象。云在地平线处会被微微地照亮，但在头顶方向则是暗的。银河仍然富有结构，M4、M5、M15 和 M22 等球状星团仍是肉眼明显可见的目标。M33 也很容易被看到。黄道光在春季和秋季很明显，但它的颜色已难以辨别。距离你 6~9 米的望远镜已变得模糊。肉眼的极限星等可达到 6.6~7.0 等。

图 1.43 在乡村或者乡村 / 郊区的过渡地区看到的冬季星座。冬季银河虽然可见，但并不壮观。经过适应之后还能看到更暗弱的恒星

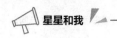

第 4 级：乡村 / 郊区的过渡。在人口聚集区的方向光污染可见。黄道光较清晰，但延伸的范围很小。银河仍能给人留下深刻的印象，但是缺少大部分的细节。M33 已难以看到，只有在地平高度大于 50° 时才勉强可见。云在光污染的方向被轻度照亮，在头顶方向仍是暗的。你能在一定距离内辨认出你的望远镜。肉眼的极限星等可达到 6.1~6.5 等。

第 5 级：郊区的天空。仅在春秋季节最好的晚上才能看到黄道光。银河非常暗弱，在地平线方向不可见。光源在大部分方向都比较明显，在大部分天空，云比天空背景要亮。肉眼的极限星等为 5.6~6.0 等。

第 6 级：明亮郊区的天空。甚至在最好的夜晚，黄道光也无法被看到。仅在天顶方向的银河才能看见。天空中的地平高度 35° 以下的范围都发出灰白的光。天空中的云在任何地方都比较亮。你可以毫不费力地看到桌上的目镜和一旁的望远镜。没有双筒望远镜 M33 已不可能看到，对于肉眼来说仙女星系（M31）也仅仅是比较清晰的目标。肉眼极限星等为 5.5 等。

第 7 级：郊区 / 城市过渡。整个天空呈现模糊的灰白色。在各个方向强光源都很清晰。银河已完全不可见。蜂巢星团（M44）或 M31 肉眼勉强可见且不十分明显。云比较亮。甚至使用中等大小的望远镜，最亮的梅西叶天体仍显得苍白。在真正努力的尝试之后，肉眼极限星等为 5.0 等。

第 8 级：城市天空（图 1.44）。天空发出白色、灰色或橙色的光，你能毫不困难地阅读报纸。M31 和 M44 只有在最好的夜晚才能被有经验的观测者用肉眼看到。用中等大小的望远镜仅能找到最亮的梅西耶天体。一些熟悉的星座已无法辨认或是整个消失。在最佳情况下，肉眼极限星等为 4.5 等。

图 1.44　第 8 级或者第 9 级的星空所能看到的星座

第 9 级：市中心的天空。整个天空被照得通亮，甚至在天顶方向也是如此。许多熟悉的星座已无法看见，巨蟹座、双子座等星座根本看不到。也许除了昴星团，肉眼看不到任何梅西耶天体。只有月亮、行星和一些明亮的星团才能给观星者带来一些乐趣（如果能观测到的话）。肉眼极限星等为 4.0 等或更小。

1.3　认识"七曜"和各种"怪异"现象

　　太阳、月亮和五大行星（金星、木星、水星、火星、土星）并称"七曜"，也就是说，它们在天空中非常的"显耀"。明了它们的（视）运

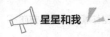

动规律，对于我们熟悉星空也是相当重要的。这一方面因为它们本身就是我们喜爱观测的天体；另一方面，它们不仅"耀眼"，而且还不断地"游荡"，很容易干扰我们（尤其是初学者）来辨认星座和星空。

1.3.1　太阳和月亮出没

看了标题，你会说：太阳、月亮在哪里还不知道吗？还真的不一定！比如，我们生活在北半球，大家都认为太阳都在我们的南方，不是的；再如，夏天热、白天长，是因为那时候太阳离我们更近吗？也不是的。至于月亮的运动，那就更复杂了。我们先来看看太阳的出没规律。

1. 太阳的视运动

科学课上，或者科普书籍中，关于太阳出没的描述大都是这样的："太阳直射点的移动范围为地球南北回归线之间"（图1.45）。这句话没错，但是要注意，这里定义的是太阳的"直射点"，也就是正午时太阳的最高位置。不要理解为：我们生活在北半球，太阳就永远都不会出现在我们的北边。

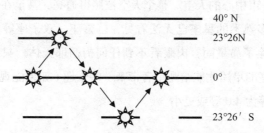

图 1.45　太阳的"直射点"周年变化的情景

实际上，结合地球的自转和公转，太阳的出没是走了图1.46中所示的路线。

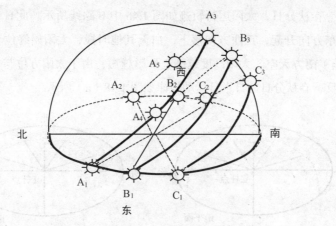

图 1.46　太阳视运动周年变化图

　　太阳的视运动，对于北半球来说是在图 1.46 中的 A 路线（夏至日）和 C 路线（冬至日）之间变化的。由夏至到秋分期间，太阳是在 A 路线和 B 路线之间运行，从最高点来说，夏至日在 A_3，然后逐渐降低，秋分那天在 B_3。继续下降直至冬至日的 C_3。以夏至日为例，太阳运动轨迹如 A 路线所示。此时，太阳从图中 A_1 处东偏北方向升起，从 A_2 处西偏北方向落下。一天之中，从 A_1 处开始，太阳视运动方位渐趋偏南，直到 A_4 时，太阳位于观测地正东方，A_3 时位于正南方，A_5 时位于正西方。日影图如图 1.47 所示。

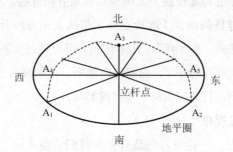

图 1.47　图中 A_1 到 A_5 各点，分别对应的是图 1.46 中相应数字点的"日影"点

春秋分日，太阳运行轨迹如图1.46中B路线所示。此日，太阳从正东方向升起，正西方向落下，白天其他时段，太阳始终位于观察者（偏）南方天空。太阳高度越高，日影越短，由于太阳方位与日影朝向相反，春秋分日的日影日运动规律如图1.48（a）所示。

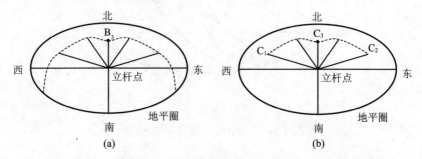

图1.48　春秋分日（a）、冬至日（b）地日影日运动规律图

由冬至到春分期间，太阳是在路线C和B之间运行，从最高点来说，冬至日在C_3，然后逐渐升高，春分那天在B_3。继续升高直至夏至日的A_3。以冬至日为例，太阳运行轨迹如C路线所示。此日，C_1时，太阳从东南方向升起，C_2时太阳从西南方向落下，正午时（C_3），太阳位于正南方，日影运动规律如图1.48（b）所示。

从上述讨论我们可得出，在北半球的"夏半年"，北半球的大部分地区（不包括赤道和北极点）太阳都从东北方向升起，西北方向落下。春秋分日，地球任何地区（除极点外）都从正东方向升起，正西方向落下。在北半球的"冬半年"，北半球的大部分地区（不包括赤道和北极点）太阳从东南方向升起，西南方向落下，正午时居正南方天空。

南半球太阳运行的规律与上述情况相反。

2.月亮出没规律

月球不发光，一轮明月只是月亮为我们"偷来的"太阳光。随着太阳、月亮、地球三者之间相对位置的变化，月亮也会从新月→蛾眉月→上弦月→（上）凸月→满月→（下）凸月→下弦月→蛾眉月→新月，周期性变化（图 1.49）。同时，出没时间也会相应变化。

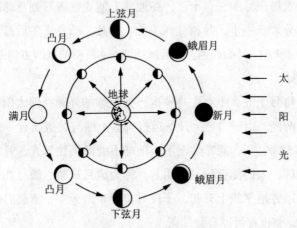

图 1.49　月相变化示意图

约在农历每月三十或初一，月球位于太阳和地球之间，地球上的观察者正好看到月球背离太阳的暗面，因而在地球上看不见月亮，称为**新月**或朔。此月相与太阳同升同落，即清晨月出，黄昏月落，只有在日食时才可觉察它的存在。

新月过后，月球向东绕地球公转，从而使月球离开地球和太阳中间而向旁边偏了一些，即月球位于太阳的东边。月球被太阳照亮的半个月面朝西，地球上可看到其中有一部分呈镰刀形，凸面对着西边的太阳，称为**蛾眉月**。蛾眉月日出后月出，日落后月落，与太阳同在天空。在明亮的天空中，看不到月相，只有当太阳落山后的一段时间才能在西方天空看到蛾眉月。

约在农历每月初七、初八，由于月球绕地球继续向东运行，日、地、月三者的相对位置成为直角，即月地连线与日地连线成 90°。地球上的观察者正好看到月球是西半边亮，亮面朝西，呈半圆形，叫**上弦月**。

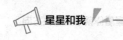

上弦月约正午时月出，黄昏时，它出现在正南天空（假设观察者位于北半球中纬度），子夜从西方落入地平线之下，上半晚可见。

约在农历每月十一、十二，在地球上的观察者看到月球西边被太阳照亮部分大于一半，月相变成（上）**凸月**。凸月正午后月出，黄昏时在东南部天空，月面朝西。然后继续西行，黎明前从西方地平线落下，大半晚可见。

农历每月十五、十六，月球运行到地球的外侧，即太阳、月球位于地球的两侧。由于白道（月球运行轨道）面与黄道面有一夹角 θ（θ 平均值为 $5°09'$），通常情况下，地球不能遮挡住日光，月球亮面全部对着地球，人们能看到一轮明月，称为**满月**或**望**。满月在傍晚太阳落山时的东方地平线上升起，子夜时位于正南天空，清晨时从西方地平线落下，整夜都可以看到月亮。

再过几天，农历每月十八、十九，月相又变成（下）**凸月**，月面朝东。此时为黄昏后月出，正午前月落，大半晚可见。

农历每月二十二、二十三，太阳、地球和月球之间的相对位置再次变成直角，月球在日地连线的西边 $90°$。这时我们看到月球东半边亮呈半圆形，月面朝东，称为**下弦月**。它在子夜时升起在东方地平线上。黎明日出时高悬于南方天空，正午时从西方地平线落下，下半晚可见。

再过几天，农历每月二十五、二十六，月相又变成**蛾眉月**，亮面朝东。此时子夜后月出，黄昏前月落，黎明前可见。月球随后继续向东运行，又运行到太阳和地球之间的点，月相变回为朔。

1.3.2　目视五大行星

开普勒在 1609 年发表的著作《新天文学》中提出了他的前两个行星运动定律。行星运动第一定律认为每个行星都在一个椭圆形的轨道上绕太阳运转，而太阳位于这个椭圆轨道的一个焦点上。行星运动第二定律认为行星运行离太阳越近则运行就越快，行星的速度以这样的方式变化：行星与太阳之间的连线在等时间内扫过的面积相等。十年后开普勒发表了他的行星运动第三定律：行星距离太阳越远，它的运转周期越长；运转周期的平方与其到太阳之间距离的立方成正比。

我们要明白，行星三大定律全都是人类纯粹用肉眼观察、记录并总结出来的。眼睛是无法观察到精确的距离和方位的，不像现在有天文望远镜、有卫星等。而且更要命的是地球也在运动，也在自转和公转，行星也在自转和公转，甚至太阳也在自转和公转。因为大家都在动，所以，只要一个环节稍有误差，可能测量的所有数据都是错误的，比如说你如果认为地球是静止的，那么你所有的观察数据就完全没有意义。幸好，前人通过几何学的研究，也深深懂得这一点，最终提出了行星三大定律，实在是令人惊艳。也难怪，总结出行星三大定律后，当时的开普勒狂喜万分，就连现在的我们也为之狂喜，为伟人、为真理、为科学！

当然，作为一般人，哪怕是天文爱好者，我们观察恒星、行星，由于不去进行深入的研究，所以我们完全可以出于好奇、出于对大自然敬畏的角度去欣赏、去玩味。也就是说，这里我们述说如何观察五大行星，只要基础性地了解它们的视运动情况就可以了。

行星视运动是指观测者所见到的行星在天球上的移动。由于行星绕太阳运行，地球也绕太阳运行，从地球上看去，行星的视运动可以有两种描述方法，一种是相对于太阳的视运动，另一种是相对于恒星的视运动。先普及一些基本知识。

1. 行星视运动基本知识

（1）恒星

恒星的"恒"字代表它们在天球上的位置是相对不变的，恒星组成星座，所以星座的形状也不会改变。恒星从东方的地平线升上来，

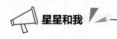

爬到最高点，然后往西方沉下去。看起来就像整个天球围绕着地球旋转一样。事实上，恒星在天球上的位置是会变化的，我们称恒星在天球上的运动为自行(沿着天球横向的移动，与地球连线方向的运动叫"视差")，但恒星的移动非常缓慢，要经过数十年的时间，再加上精确的量度，才能够检测出来。所以，短时间内我们完全可以认为恒星在天上是不动的，可以作为我们观察行星视运动的背景。

（2）行星

行星的"行"字代表它们并不会永远停在同一个星座内，它们会在天球上的黄道附近四处游荡。它们之所以会四处乱闯，是由于它们和地球一样，皆会绕着恒星公转。

（3）内行星、外行星（图1.50）

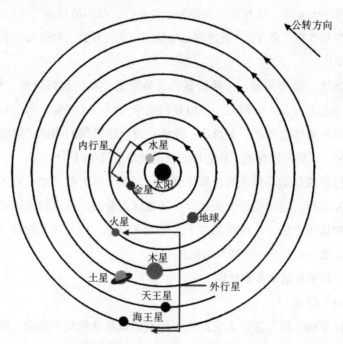

图1.50 从天球的北极观看太阳系内的行星，会发现所有行星都以逆时针方向围绕太阳公转，这些行星运动的平面称为"黄道面"

在太阳系中，以地球轨道为界，在地球轨道以内运行的水星和金星叫作内行星；在地球轨道以外运行的火星、木星、土星、天王星、海王星叫作外行星。这两类行星也称地内行星、地外行星，各自有不同的视运动特征。

（4）行星的公转

行星环绕太阳的运动叫做公转，公转的路径叫做公转轨道。行星公转有以下几个特点：

①行星公转轨道都是一些偏心率不大的椭圆。偏心率最大的是冥王星，也只有 0.256。现在它已经被从大行星中除名了。

②行星的公转轨道面几乎在同一个平面上。轨道倾角最大的是冥王星，也只有 17.1°。其他都在黄道面的 ±6° 范围。

③行星都是由西向东绕太阳运行的。

④行星绕太阳公转的周期有长有短。越接近太阳的行星公转周期越短，越远离太阳的行星公转周期越长。

了解以上四个特点对我们认识行星视运动是很有帮助的。第二个特点告诉我们，行星必然出没在黄道附近，不会离开太阳（视）轨道太远。了解了第三、第四个特点，就容易理解内行星和外行星视运动的差异了。

（5）黄道面、黄道

地球绕太阳公转的轨道平面称为黄道面。它也是太阳的周年视运动平面。

地球绕太阳公转的轨道平面与天球相交的大圆称为黄道，也可理解为太阳在天球上的视运动轨迹。

（6）视角距

地球看向行星为一条线，地球看向太阳为另一条线，两条线的夹角为行星、地球、太阳三者的视角距。

2. 太阳系中的行星相对于太阳的视运动

内行星和外行星相对于太阳的视运动是不同的。内行星总是在太阳附近来回摆动，它同太阳的角距限制在一定范围内。外行星同太阳的角距不受限制，可以在 0°~360° 之间变化。

水星同太阳之间的视角距不超过 28°，金星同太阳的最大视角距是 48°。由于水星、金星和地球的轨道都不是正圆，所以最大视角距随着它们之间相对位置变化而有所变化。水星的变化范围在 18°~28° 之间，金星的变化范围在 44°~48° 之间。

（1）内行星相对于太阳的视运动（图 1.51）

内行星相对于太阳的视运动有四个特殊位置：下合、上合、东大距、西大距。

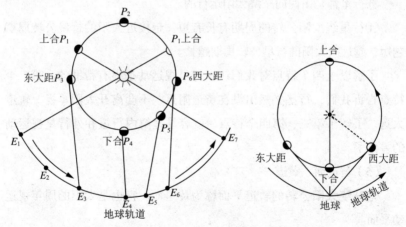

图 1.51 内行星相对于太阳的视运动示意图

当行星、地球及太阳在黄道面上的投影成一直线时叫"合"。太阳在中间时称为"上合"；内行星在中间时称为"下合"。

内行星、地球和太阳三者所成的视角距最大时叫"大距"。内行星在太阳东边叫"东大距"，日落后行星会出现在西面地平线，此时是观测内行星的最好时机。"西大距"即表示行星在太阳的西边，日出前行星会从东面地平线升起，因为需要在日出前观测，所以观测条件不及"东大距"。

内行星上合的时候会与太阳一起升落，我们看不到它。上合后若干时间，内行星东移到离太阳有一定角距时，日落后出现在西方地平线上。内行星东移至东大距的时候，是观测它的最佳时机。过东大距后，内行星改向西移动，逐渐靠近太阳，到下合附近就看不见了。下合后若干时间，内行星逐渐西移，当离太阳有一定角距时，日出前出现在东方地平线上，我们又能看见它了。以后继续西移，当移到西大距的时候，又是观测它的好机会。过西大距后，内行星改向东移动，逐渐靠近太阳，到上合附近又看不见了。

由上可知，金星和水星，只有在日出前或日落后一小段时间才可观测到。通常，在日出前出现的内行星，我们称为"晨星"，在日落后才出现的称为"昏星"。

内行星连续两次上合或者两次下合的时间间隔叫作会合周期。水星的会合周期是 115.88 日，金星的会合周期是 583.92 日。

内行星在下合的时候，从地球上看去有时会从日面经过，这种现象叫作凌日。

（2）外行星相对于太阳的视运动（图1.52）

外行星相对于太阳的视运动也有四个特殊位置：合、冲、东方照、西方照。

当行星、地球及太阳在黄道面上的投影成一直线时叫"合"或"冲"。太阳在中间时称为"合"；地球在中间时称为"冲"。

外行星、地球和太阳三者所成的视角距为90°时，称为"方照"。外行星在太阳东边叫"东方照"，在西边叫"西方照"。

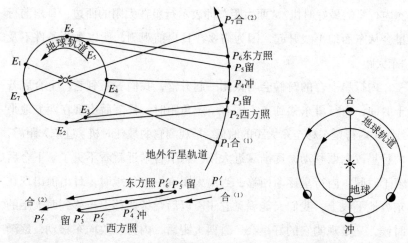

图 1.52　外行星相对于太阳的视运动示意图

在合的时候，外行星和太阳在同一个方向上，我们看不见它。合后若干时间，外行星西移到离太阳有一定的角距时，日出前出现在东方的地平线上，我们就能看见它。以后西移到西方照，后半夜都可以见到。过西方照后外行星继续西移，逐渐提早从东方升起。当外行星到达冲的时候，太阳刚落山，它就从东方升起，整夜可以见到，是观测它的最好时机。冲过后，外行星继续西行，移到东方照时，上半夜都可以见到。以后逐渐靠近太阳，移到合的附近又看不见了。

外行星连续两次合或冲的时间间隔叫做会合周期。火星的会合周期是 779.94 日，木星的会合周期是 398.88 日，土星的会合周期是 378.09 日。

3. 太阳系中的行星相对于恒星的视运动

行星相对于恒星的视运动路径看上去比较复杂。行星大部分时间在天球上是由西向东移动的，叫作顺行；小部分时间由东向西移动，叫作逆行。由顺行转到逆行或由逆行转到顺行，行星在天球上的位置叫作"留"。

如图 1.53 火星的运动变化，从 2 月 16 日开始到 4 月 16 日火星顺行；4 月 17 日火星留；4 月 18 日到 6 月 29 日火星逆行；6 月 30 日火星再留；然后火星顺行，8 月 24 日最接近天上的另一把大火"心宿二（天蝎座 α）"。从 2 月 16 日开始一直到 9 月 13 日，火星一直在天蝎座运行。

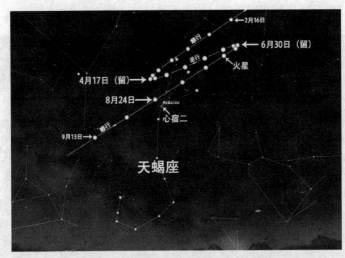

图 1.53　某年的火星视运动变化情况

行星的视运动情况可以查当年的《中国天文年历》或《天文普及年历》。在天文年历中，一般都列有当年太阳和各大行星的赤经、赤纬值。水星每 5 日列一组值，金星、火星、木星、土星每 10 日列一组值。我们查算到某日太阳和行星的赤经、赤纬值，就可以在黄道星图中标出太阳和行星的位置。在查算的时候，要注意把行星留的日期考虑进去。从行星和太阳的赤经差，可以推知行星的升起、下落以及可见情况。

如果在黄道带星图上标出十二个月内太阳和行星的位置，就可以得到整年行星可见情况。这种图在一些天文书刊中很容易找到，比如《天文爱好者》杂志。用肉眼观测行星，最好要有一张黄道带星图，根据推算或者查算，在星空中找到要观测的行星，估计这颗行星相对于

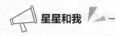

周围恒星的距离,然后在黄道带星图上标出这颗行星所在位置,并且记下观测日期。对于水星,每天要观测一次。对于金星,可以一周观测一次。对于外行星,可以一周或者一个月观测一次。行星在留的附近,观测次数要稍多一些。把一年内观测记录下来的点,用曲线连接起来,就是这颗行星当年相对于恒星的视运动轨迹(图1.54)。

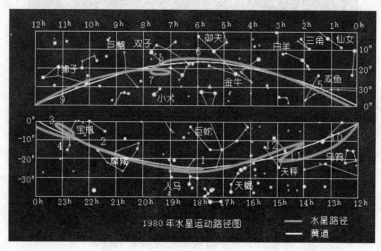

图1.54　水星全年(1980年)相对恒星视运动轨迹图

了解行星视运动的动态,对于实际观测行星时寻找目标是十分重要的,当然,如果你有类似SKYMAP这样的天文软件,则掌握行星动态就更容易、直观了。

4. 寻找行星的方法

天上的星星很多,怎样才能把我们要观测的行星找出来呢?除了上面所说的通过推算或者查算了解行星的动态以外,还可以根据以下一些行星的特征来帮助寻找它们。

首先,行星总是在黄道附近运行。

其次,行星一般比恒星亮。金星是全天最亮的星,亮度在 −3.3~

-4.4 等之间，发白光，人们叫它"太白金星"。木星亮度仅次于金星，在 –1.4~–2.5 等之间。土星亮度在 1.2~–0.4 等之间，颜色稍黄。火星亮度在 1.5~–2.9 等之间，火红色，很容易辨认。水星亮度在 2.5~–1.2 等之间，当它作为昏星或者晨星出现的时候，地平附近没有别的亮星，也容易辨认。

另外，行星闪烁小，亮度比较稳，而较亮的恒星总是不停地闪烁着。

1.3.3 九星连珠和行星大十字

大行星是"游荡"的，所以它们很可能会发生聚在一起、连成一线，或者构成其他什么图形的状况。这些都属于自然现象，不会影响到人类的。至于那些什么"连珠""大十字"会祸及人类的说法，都是一些人的别有用心。你相信了，那只能是你懂的天文知识太少的缘故。不要说大行星会连成什么形状了，它们连太阳系的"霸主"——太阳都敢"冲撞"，这就是大行星的"凌日"和"冲日"现象。

1. "凌日"和"冲日"

"凌日"和"冲日"都是大行星、地球、太阳三者连成一线的现象，我们在前面为大家介绍过，对内行星就是"合"（图 1.51），而"凌日"就是"下合"。它是天象中"食"的一种，其原理与日食很相似，是内行星从地、日间通过，我们会见到一个黑点在日面缓缓掠过的现象。"冲日"就是图 1.52 中我们介绍的"冲"，只发生于外行星。

（1）凌日

凌日只有水星凌日和金星凌日两种。

凌日在本质上与日食一样。地内行星运动到地球和太阳之间时，会与地球、太阳处于一条直线，此时凌日现象就发生了。尽管金星和水星都比月球大，但由于它们离地球的距离比月球距地远得多，在地球上看来比月球小得多，因而凌日发生时，地球上的观测者只能看到

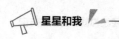

一个小黑圆点在太阳表面缓慢移动（图1.55）。

实际上不仅需要地内行星要位于地球和太阳之间，而且要其公转轨道平面与黄道面相交时，凌日才会发生。所以，凌日现象的出现很有规律。水星凌日必然发生在11月10日或5月8日前后，每100年平均有13次（13.4次），其中发生在11月的有9次，发生在5月的有4次。金星凌日必然发生在6月7日或12月9日前后，其中6月7日前后的凌日机会略多。

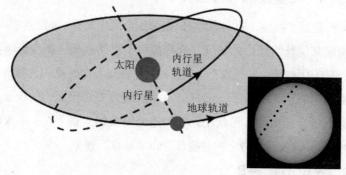

图1.55　离太阳越近，发生凌日的机会越多。金星离太阳要比水星远，
所以发生凌日的机会要比水星少得多

由于会和周期（行星和地球的公转会和）以及离太阳远近的关系，金星凌日现象非常罕见，从1639年起，包括2004年6月8日的凌日在内，为人们所看到的金星凌日天象总共只有6次。而从1631—2006年，共出现了51次水星凌日，其中，发生在11月的有36次，发生在5月的有15次。

从1631年起，人类观测凌日已有380多年的历史。早期天文学家曾通过观测这一现象测定日地距离，在今天，人们对凌日现象只是作为一种比较罕见的天象来观赏，而凌日本身已没有多大科学研究意义了。不过，这种现象为天文学家寻找太阳系外其他恒星的行星提供了一条重要途径。由于恒星离地球非常遥远，即使在它们的周围有行星，以目前的技术仍无法直接观测到，而需借助间接的方法，其中之一就是观测"凌星"现象。因为行星绕恒星公转，而行星不发光，当远方恒星周围的一颗行星位于该恒星和地球之间时，该行星就会挡住恒星的一部分星光，这就是凌星，其原理与地内行星的凌日现象一样。从地球上看，凌星发生时，恒星的星光会减弱，而这种星光减弱现象可从地球上观测到。分析凌星过程中星光减弱的规律，就有可能推算出恒星周围行星的轨道和质量，这种方法称为"凌星法"。

（2）冲日

2012年似乎很是"壮观"。3月4日，火星率先上演冲日天象，以此拉开了2012年五大行星冲日的序幕。其后，土星、木星、天王星、海王星轮番上演冲日大戏，与地球、太阳排列成直线。

有媒体登载，这是"百年一遇"的天象，更有人将之与所谓玛雅历2012年年底冬至地球、太阳和银河系中心将成直线放到一起讨论。"五星轮番冲日"还是让天文学家来解释吧。

天文学家这样说："行星冲日是指该行星和太阳正好分处地球两侧，三者排列成一条直线。此时该行星与地球距离较近，亮度也比较高，是观测的很好时机。冲，古文意为'相对'，也就是从地球看去，太阳和那颗行星在天空中正好处于相对的位置，太阳从西边下山时，发生的冲日差不多就正从东方升起。行星冲日现象，在中国古代文献就有记载，并不稀奇。"

关于2012年的"五星轮番冲日"，天文学家接着说："木星绕太阳一圈，相当于地球上的12年，所以每年木星冲日，都会与上一年相距十二分之一的角度。土星绕日一圈约等于地球上的29年，天王星绕日一圈约等于地球上的84年，海王星绕日一圈约等于地球上的165年；地球绕太阳旋转，却每年都会分别与它们和太阳'三点一线'，也就是

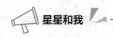

说，它们每年也都会与地球'配合唱一出'冲日'戏'。反而是距离地球较近的火星有所不同。火星的一年相当于地球的 26 个月，即 780 天，差不多是地球的两年多一点。这就造成了火星反而每隔 26 个月才会位于地球较近的位置。所以说，'五星轮番冲日'是否发生，取决于火星。其他行星，则几乎每年都有冲日现象。"

至于有人将五星冲日与所谓玛雅历 2012 年冬至地球、太阳和银河系中心将成直线放到一起讨论，天文学家说："本身就有人将玛雅历神秘化了，你去问现在墨西哥的玛雅人后代，他们内部对玛雅历的说法也不尽相同。"

对所谓玛雅历 2012 年冬至这一天，地球、太阳、银河系中心点成一直线排列的说法，他接着说："太阳系距离银河系中心大约 2.5 万光年，引力影响十分有限，事实上，地球、太阳和银河系中心每年都有机会形成一条近似的直线，此时与其他时候并无什么不同。所谓 2012 年冬至，太阳与地球、银河系中心点形成一条直线，其实也没有什么特别的意义。由于岁差的作用，从地球上看去，每年同一时刻，太阳在天空中是缓慢移动的，大约 72 年移动一度，冬至时三者最接近于一条直线的时间实际上发生于十几年前，根本就不在 2012 年，只不过玛雅历法将 2012 年作为本次长历的结束，是有人硬把二者联系起来。"

不过，五大行星轮番冲日，对于天文爱好者而言，倒是一种特别受欢迎的现象，他们可以利用行星全夜可见的机会进行理想的观测（图 1.56）。

2. 九星连珠和行星大十字

大行星的绕日公转轨道都在地球公转轨道平面附近，投影在天穹上的轨迹当然在黄道一带的上下。所以，行星出没都在黄道带附近天区。它们就有可能在黄道一带排列成阵，也有可能会聚成群。

金星

木星

残月

7月16日清晨

金星、木星与残月一起
组成笑脸状的图样

图 1.56　2012 年 7 月 16 日晚出现在天空的金星、木星伴月天象，看上
　　　 去是不是老天爷在对着我们微笑

　　日食是太阳和月球在天穹上的一种会聚。凌日是太阳和水星或金星的一种会聚。那大行星会不会在天穹上会聚在一起呢？答案是不会。这是由于：首先，大行星的公转周期若以地球日为时间单位，彼此完全不能通约，八大行星不可能同时经度相同；其次，大行星的公转轨道并不与黄道一致，它们不可能同时纬度相同。

　　在天文学史上，将三个和三个以上的行星的经度尽可能彼此相近的天象叫作行星会聚。我国古代，特将肉眼看得见也是仅知的行星，即水星、金星、火星、木星和土星，五星的经度彼此接近的难得一现的天象称为五星连珠，并认为是吉祥之兆，将之与人间大事联系。在史书中记载的最早的一次五星连珠天象出现于公元前 206 年。最近的两次发生在 1186 年 9 月 9 日（南宋淳熙十三年）和 1524 年 2 月 5 日（明代嘉靖三年）。据查，没有任何重大的天灾人祸与历史上的五星连

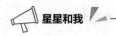

珠一一对应。1962 年 2 月 5 日，正值春节元月初一，当日适逢日全食，又值金、火、木、土四星会聚。新春日食和四星会聚较为不太多见的天象同时出现，就成为罕见事件。然而，我国和世界各地都没有发生星占术士预言的大灾难。

在同一时间，几个行星同时并排地出现在黄道带附近的天象，可称之为列阵。三个或四个行星的列阵，并不非常难现，但八个大行星同时呈现在地平之上小于 180°，排列成近似的一字长蛇阵，确是较为罕见的天象。1982 年 3 月和 5 月各有一次八大行星同现星空的景象，事后得知并未有何灾难爆发。1997 年 11 月是最近的一次在天穹上八大行星排成一列。

上面说的会聚和列阵都是大行星的空间分布在天穹上的投影。下面要说的则是大行星在太阳系中的真正会聚和真实列阵。人们将当时包括地球在内的九大行星同时运行到太阳系的一侧，例如，一个 90° 的象限内或夹角小于 90° 的扇形区域中，称为行星会聚或连珠。也把九大行星在太阳的一侧的某些引起人们某种联想的某些排列叫作大行星列阵。

2016 年 1 月 27 日黎明前，在南方夜空出现了一幅壮丽的画面（图 1.57）：大半个月亮挂在西南天空中，在它东边不远处，是明亮的木星；向东，红色的火星居于正南方天空；顺着月亮 – 木星 – 火星的连线，继续向东，还有两颗亮星，离火星近的是土星，远的是金星。如果你的眼力够好，再遇上个好天气，那你顺着土星 – 金星的连线向东方地平线附近看去，没准还会发现一颗稍暗的星，它就是水星。据说哥白尼一生都没见到过水星呢。好啦，我们从月亮开始，依次看到木星、火星、土星、金星和水星，多么美妙的"五星连珠"！1 月 27 日是农历腊月十八，在此后的几日中，如果每天早上你都观察星空，就会发现月亮像一根针将五星逐个串连起来：月亮先是在 1 月 28 日到 2 月 1

日期间运动到木星和火星之间，然后又用两天的时间飞过火星和土星之间的天空，接着在2月4日到6日逐步接近金星，到了7号早上它已掠过水星，这天正是腊月三十除夕，月亮漂亮地完成了串起五星的任务，向着太阳飞去，第二天就是大年初一，日月合璧。

图1.57　行星列阵

1982年3月10日曾出现一次极为罕见的九星连珠。当时，九大行星全都会聚在一个夹角为96°的扇形区域内。那么，这件事给地球、给人类、给自然环境、给社会生活造成了什么影响吗？在原来的九大行星中，冥王星的质量最小，距地球最远，对地球的引力影响也最小。若不将这个公转周期最长的冥王星计入在内，八大行星会聚的天象将更为多见。据悉，从公元元年迄今的近两千多年间，在90°象限内的八星连珠共有18次。出现的年份是公元117、310、408、410、449、626、628、768、949、987、989、1126、1128、1130、1166、1307、1666年和1817年。其中449年和949年的会聚实为九星连珠。1128年3月30日到5月10日的八星连珠的扇形区域的夹角只有40°，极其难得。那年正值南宋高宗建炎二年，不知历史学家能否指出与其对应的天灾人祸。最后的一次会聚发生于 1817 年 6 月 4 日至 22 日，当时是清代仁宗嘉庆二十二年。下一次的 90° 象限内的八星联珠将出现在 100 多年后的 2161 年 4~6 月间。

太阳系天体对地球的最明显引力作用表现为潮汐现象中的引潮力。引潮力的大小和引潮天体的质量成正比，和天体之间的距离的立方成反比。质量和距离二因素中，距离占第一位。太阳占了太阳系总质量的 99.86%，月球的质量占及地球的 1/81，但月地距离仅为日地距离的 1/394，所以，月球的引潮力是太阳的 2.2 倍。那么其他八大行星呢？金星离地球最近，占行星总引潮力的 87%，木星质量最大，是地球的 318 倍，但距地球较远，占行星总引潮力的 10%，而八大行星引潮力的总和只有月球引潮力的十万分之六。从此可见，1982 年 3 月 10 日九大行星在 96° 扇行区域的会聚未曾引发诸如地震、海啸、火山等天灾有着可信的科学依据。

为了能有助于直观地了解太阳系各个天体之间的引力作用和影响，我们来按真实比例设计一个有可能实现的太阳系模型。如果用一个直径 14 厘米的球代表太阳，在这个按比例缩小的模型中，地球则是离中心太阳 15 米处的直径 0.13 厘米的小球，质量和体积都是最大的大行星——木星为直径 1.45 厘米的球，离中心太阳 77 米。再看看太阳系最外的冥王星，它是一个直径仅 0.03 厘米的小小球，位于离模型太阳 600 米处。真要按比例制做一个满足直观的太阳系模型还真是不太容易啊！

19 世纪末，国外盛传 1999 年行星"大十字"将引发人类大灾难的预言，随后这一说法也流传到境内。这究竟是怎么回事呢？是不是一个科学预测呢？

20 世纪 70 年代，日本人五岛勉根据 16 世纪问世的题为《诸世纪》的著作，另写了一本名叫《大预言》的书。《诸世纪》是法国人诺查丹玛斯撰写的类似"推背图"的册子，全书用晦涩难解的辞句预测未来一千年的吉凶。该书宣告 1999 年 7 月有大灾降临。五岛勉则进而推算出灾难将发生于 8 月 18 日，届时太阳和大行星在夜空列阵呈"大十字"。日本天文学家古在由秀阅读了文稿，经他计算后认为行星"大十字"的灾难之说是无稽之谈，但耸人听闻的《大预言》还是照出不误，并译成他国文字，推向国际社会，在不明真相的人群中引起关注和忧虑。像《恐怖大预言》《1999 年人类大劫难》《巨大灾难降临人类》等书名的中译本或转述本也在大陆流传、散布。

人们在问，1999 年 8 月 18 日，真的发生了行星"大十字"排列在天穹上吗？行星"大十字"对地球和人类产生影响了吗？前面已说过，大行星在天穹上的列阵和会聚是它们各自的空间方位在天球上投影的视觉效应。大行星在太阳系中都分布在黄道面上下附近，所以，太阳、月球和八大行星从东到西，沿黄道一带，排成并不笔直的长蛇图象，虽罕见，但可能。《大预言》中描述的 1999 年 8 月 18 日的行星"大十字"图案是这样的："大十字"的长划为东西向，由水星、金星、天王星和海王星组成；"大十字"的短划与长划垂直，为南北向，由冥王星、火星、木星和土星构成。因为大行星的公转轨道并不与地球的公转轨道共面，例如，木星的轨道与黄道的交角是 $1.5°$、土星是 $2.5°$、火星是 $1.9°$、金星是 $3.4°$、水星是 $7°$、冥王星最特殊竟达 $17.2°$。以水、金、天王、海王四星在天穹上只有可能投影出与一字长蛇阵不大相似的图像。那么，冥王、火、木、土四星，会不会在黄道两侧，与黄道垂直，像《大预言》所预示的，排成十字形图像中的短划呢？前面早已说过，大行星的公转周期全都是无理数，彼此不能通的，冥王、火、木、土四星不能在 1999 年 8 月 18 日具有相同的经度，无法在天球上排成南北一行。实际天象也就是没有。

行星的会聚和列阵对地球有何影响和有多大影响的疑虑的答案是：一、有影响；二、其影响力太小，可忽略不计。因为，即便九个大行星

73

都会聚在太阳一侧，且假定真能排成一列，其中八个对地球起潮力的总和将可使海洋只上升0.04毫米。"可忽略不计"的回答，足以令人信服。

3. 中国古代发生的那些异常天象

异常的天象在古时候被看作是国运盛衰的征兆，在历史上据说有很多重要的事件都伴随着异常的天象，可最终都是"牵强附会"。

（1）专诸刺王僚

《唐雎不辱使命》中记载："夫专诸之刺王僚也，彗星袭月。"春秋时期吴国有名的刺客专诸在刺杀吴王僚之时，出现了彗星的光遮住月亮的奇观（图1.58）。

图1.58　彗星俗称扫把星，因为彗星的形状像极了扫把，人们便把战争、瘟疫等灾难归罪于彗星的出现

（2）聂政刺韩傀

《唐雎不辱使命》中记载："聂政之刺韩傀也，白虹贯日。"战国时期著名的刺客聂政，为报答好友恩德，孤身一人去刺杀好友的政敌，最终惨烈死去。在刺杀当日，有一道白色的虹霓横贯太阳（图1.59）。

（3）西周兴起

《春秋·元命苞》中记载，"商纣之时，五星聚于房"。《史记》中记载："五星会聚"（图1.60）的天象意味着天下将有明主出现，圣贤总是伴随着五星会聚的到来而降临人间。

图 1.59　"虹"其实并不是"彩虹"，而是一种天象——"晕"。"晕"是太阳光线经过一系列的反射和折射所形成的，有环状、弧状、柱状或亮点状等

图 1.60　"五星连珠"其实是五大行星的特殊自然现象罢了

公元前1953年"五星聚"，那一年，寒浞杀夏后相，次年寒浞上台，执政四十年。

公元前 1059 年"五星聚"，那一年，周西伯设元称王，十二年后太子姬发以文王名义杀纣。

公元前 185 年"五星聚"，时在西汉高皇后吕雉称元之后二年，吕雉杀帝刘恭。

公元 710 年"五星聚"，韦皇后杀唐中宗。

（4）秦始皇之凶兆

《史记秦始皇本纪》中记载："三十六年荧惑守心。"在公元前 211 年，出现千年一遇奇怪天象——荧惑守心（图 1.61）。

图 1.61　"荧惑"是火星，"守心"指"心宿"。就是火星在心宿里发生"留"的现象

在古人看来，火星近于妖星，司天下人臣之过，主旱灾、饥疾、兵乱、死丧、妖孽等。心宿由三颗星组成，古人认为这三颗星，分别代表了皇帝和皇子，皇室中最重要的成员。"守心"是指火星在顺行和逆行的转折期间看似行进速度较慢，"留"在心宿区域徘徊不去，就是"守心"。而这象征着：轻者天子失位，重者就是皇帝驾崩，丞相下台。所以当秦始皇得知这个天象时，别提有多糟心了。从历史上来看，秦始皇、汉成帝、梁武帝、后梁太祖、后唐庄宗、元顺帝等，中国古代许多的君王，都应验了"荧惑守心"的天难而驾崩（图 1.62）。

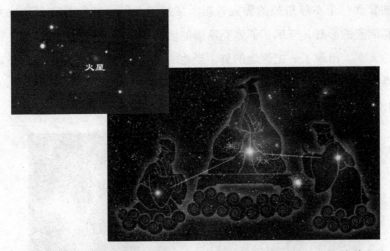

图 1.62　为什么说"荧惑守心"是不吉利的天象呢？因为火星荧荧似火，
心宿二同样色红似火，火星和心宿二是全天最红的两个天体。
两"火"相遇，两星斗艳，红光满天，敢与天子争辉，这天
子之势必受胁迫

　　事实上，这些诸多的天象或者星象，到底是不是祥瑞之兆，只能
说历史总是由胜利者书写，是一种主观判断而已。由于人们对大自然
缺乏认知，便因对天地的敬畏而自我警示。如今我们不再谈论鬼神，
可同样也没有了对生活和自然的敬畏之心，从这样的角度来说，人心
善恶不再有所顾忌，也不见得是件好事。

　　4. 古代西方人眼中的神秘天象

　　1583 年秋天的一个夜晚，伦敦的居民被天空中一系列的奇观惊呆
了，从晚上八点到午夜，天空仿佛被燃烧的星云所点燃，出现了颜色
如硫磺和鲜血的纹路，还有形状如箭如矛的光斑。

　　15 年之后，英国科克茅斯郡坎布里亚镇的居民胆战心惊地观看到
天空中两队军队的厮杀。同样的情景也出现在了 1628 年英国南部巴克
夏郡春天的夜空，当地人还听到天空中传来沉重的炮声，模模糊糊地

能看到一个不停敲鼓的男人身影。又过了十年，三个太阳（图1.63）和倒置的彩虹，吓倒了苏塞克斯郡的居民。同年，英国西南部德文郡的天空上出现了一把燃烧的剑，当地的法官在他的日记中说，这是灾难降临前的危险征兆。亲眼见证这些奇观的人，莫不跪倒在地，不但心中默念，嘴里还大声说出来："最后的审判到来了！"

图1.63　"3个太阳"的景色其实是日晕和幻日现象，是高空薄云中的冰晶产生的折射现象。当云层比较高时，由于温度较低就容易形成冰晶，冰晶的形态类似于"三棱镜"，起了分光作用，对日光进行折射，产生幻日弧光，或叫环天顶弧。是阳光以一定的角度照射在距离地面为6000~8000米的细小冰晶上后形成折射，这些冰晶表面弯曲且颗粒比盐粒还细小。光线在每个晶体内发生弯曲，并折射出包括红色、橙色、黄色、绿色、蓝色、靛蓝、蓝紫色等彩虹特有的七色光谱。这一现象，在极为寒冷的极地地区比较常见

手拿马刀的天使，尾巴分叉，长着动物蹄子的恶魔，说明当时的人们确信，善与恶的斗争永远存在。1600年左右徘徊在德国山村上空中的浑身赤裸、披着长发的野人，告诉我们当时人们对人类起源的认识一直徘徊在神学与科学之间。

在16、17世纪的英国，这样的神秘天象出乎寻常普遍，成了当时

流言蜚语的绝好素材。这些超自然事件也充斥于历史编年史、科技专著和专门记载奇人怪事的异象大全。并不是无知的一般人才对此迷惑不解，受人尊敬的地方官、神学家和著名学者同样对天空的奇观感兴趣。在这两个世纪，对天空的关注，一时之间超越了贫富、教育程度和社会阶层的限制。

从现代观点来看，这些奇异幻象完全是集体妄想的表现，现代人很难抵御用科学观点来解释的诱惑，我们会认为这些天空中的幻影可能是特别形式的云，是极光的显现，或者是其他气象异常造成的。如果把它们仅仅看作近代早期，欧洲人迷信无知和蒙昧心理在作怪，那我们则忽视了这些幻象深层的历史和文化含义。就像现代经常有人看到飞碟、外星生物一样，现代早期人们看到的异象为我们打开了一扇理解他们的深层恐惧和焦虑的大门，详细研究当时人如何解释这些古怪的现象，会为我们揭开宗教改革之后英国和欧洲民众精神世界的面纱，了解他们的困扰和他们的想象。

第 2 章

"星霸"等级 1~10

认识星星，熟悉星空，是一件让人兴奋，同时又能增长见识（知识）的事情。但是，时间稍长就容易让人产生两种"抵触"情绪，一个是在认识了几颗亮星之后就觉得"行了""可以了""够吹牛的了"；另一个就是，太想多认识天空中那些美妙的星星，可是漫天的星星，怎么去认？怎样才能"循序渐进"，不断地进步呢？

这里，我们借鉴那些钢琴、架子鼓等的"考级体制"，也像他们一样，为你量身定做了"星霸"1~10级，我们还会为你设计"星霸徽章""星霸书签"，鼓励你不断地进步，去认识更多的星星。天空那么大、宇宙那么遥远，让我们"凭"星霸等级去看看吧。

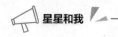

2.1 "天宫"星座和黄道星座

其实，不管我们"封"你什么官职、什么称号，最终目的还是要带领你去认识星空。西方的星空分成了88个星座，那些星座故事确实很有趣，一直在被人们历代"传唱"。实际上，如果你真正了解了中国的星空，我们的"三垣四象二十八星宿"，你就会觉得，我们的星空体系更加完备，按照体系去认识星空就像是在认识历史；看星星就像是在看那些历史人物的"传记"；自己就像是身处于一个个历史事件之中，是那么真实可信。

介绍星空的书籍很多，大多都采取了"四季星空"的说法，我们也不能偏离太多。但是，我们会先把最重要的"黄道十二星座"和我们国家的天宫——紫微垣的星星引荐给大家，然后再按照春夏秋冬四季出现的星星，从中国的"星官""星宿"体系和西方的88星座体系，两者并列为你介绍。让我们一起"进入角色"吧。

2.1.1 赤道 黄道 白道 银道

在介绍星空之前，我们先来介绍一下那些天空中的"大圆"和"基本圈"。实际上，它们和天体运行的轨道密切相关。在前面对它们已经有过"零碎"的介绍，由于它们很重要，所以，我们还是在这里全面、详细地介绍一下。

1. 天赤道

天赤道，古人最早认识星空时应该是先认识了"地平圈"和"天顶"。但随着观测和数据记录的需要，跟随地理位置而改变的地平系统就不是那么适宜了。后来，认识了"北斗七星"，知道了不动的"天极"，再把地球上的赤道向天上延伸，自然就有了天赤道。

　　天赤道是天球上一个假想的大圈，位于地球赤道的正上方；也可以说是垂直于地球地轴把天球平分成南北两半的大圆，理论上有无限长的半径。当太阳在天赤道上时，白昼和黑夜到处都相等，因此天赤道也被称为昼夜中分线或昼夜平分圆；那时北半球和南半球分别处于春分或者秋分，在一年当中太阳有两次机会处于天赤道上。

　　从地球观察者的角度来说，天赤道平面是一个垂直于北天极中轴的、处于天球直径所在平面上的一个大圆（见图 2.1）。我们的先祖很早就发现：在放置日晷时，必须将日晷的晷面与天赤道平面保持平行；否则，太阳照射晷针形成的阴影在每个时间上的长度会不相同，晷针阴影在晷面上走的就不是圆周运动，而是一个黎明和黄昏时针影最长、正午时最短的椭圆运动。如果针影走的是椭圆而非圆周的话，那么就无法通过均分晷面弧度的方式来均分各时间段的时长，晷面的每段等分弧长对应的具体时间长度是不一样的，这样就无法起到准确报时的作用。所以必须将日晷的晷面与天赤道平面保持平行，天赤道因此而成为当时天文观测和应用的基准。

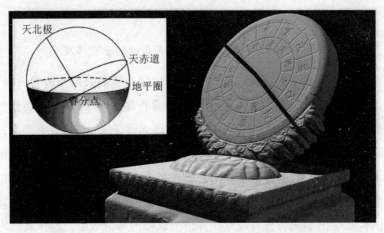

图 2.1　天北极和天赤道，日晷的晷面平行于天赤道

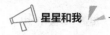

从现代天文学来看，之所以要保持日晷指针指向北天极，是为了模拟太阳在地球赤道上的每日视运动轨迹。而地球上除了赤道外，每个地方的纬度都是不同的，为了模拟出赤道的效果，必须先对当地的地理纬度做相应的矫正。而在不借助其他工具的条件下，最简单的矫正方法就是将日晷的晷针指向北天极，再将晷面与晷针保持垂直，这样晷面就与天赤道相平行了（见图2.2）。

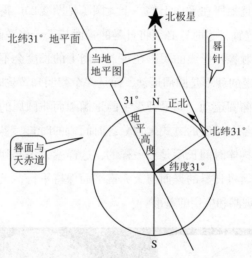

图 2.2　北极星的地平高度就是当地的地理纬度

之所以须在不同地理纬度都模拟出地球赤道的效果来放置日晷，是因为地球赤道与昏晨圈（见图2.3）的圆心都是地球的球心，因此昏晨圈将赤道分成两份等长的半圆，从而使得赤道任何一天昼夜都是等长的。并且在赤道上，太阳每个小时在天球上的运动轨迹也都是基本相等的，相应的照射晷针而形成的晷影在每个小时画出的弧线长也是相等的。因此将晷针指向北天极、晷面与天赤道保持平行后，就能使晷针的针影走出如同将日晷放置在赤道上那样的等分效果，这样就能通过分辨针影划过的弧线长度来判断相应的时间跨度。

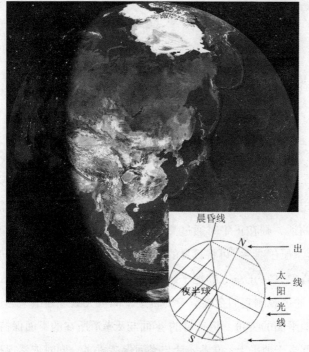

图 2.3　昏晨圈昏晨线

　　我们的先祖最早就是以天赤道为基准来设计二十八星宿，以便于日常的观星计时。在当时找到天赤道的方法是：通过观测那些从正东方升起的星宿（观测每个星宿中的星官），并将这些星宿做一连线，于是就能找到一个完整的天赤道圆周。而要确定正东正北等四方方位也不难，只需借助一些简单的工具就可办到。

　　《淮南子·天文训》云："正朝夕：先树一表，东方操一表却前表十步，以参望日始出北廉。日直入，又树一表于东方，因西方之表，以参望日方入北廉，则定东方。两表之中与西方之表，则东西之正也。"意思就是在以 10 步为半径的圆弧上移动表杆测日出、日入位置，连线得到正东方向（见图 2.4）。

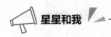

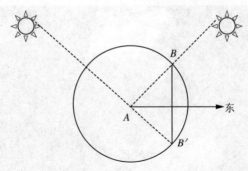

图 2.4 《淮南子·天文训》中测定方位示意图

在确定了正东后，正南正北所在的子午线就能确定；如果需要进一步精确的话，则在正午时通过测量表影是否最短来进行更精确的矫正。在确定了子午线后，可将日晷的晷针沿着与子午线平行的方向排列。然后在黄昏时，在正东方的地平线上寻找标志性亮星（如心宿二、娄宿二等），通过观测它们在夜空中的轨迹，即可大致规划出天赤道所在的平面与地平面的夹角。将日晷的晷面与天赤道所在的平面保持平行，并以此角度至于地平上；再将晷针与晷面保持垂直，同时依然保持与子午线的平行。这样，一套"日晷—子午线"天文系统就构成了。此时的日晷晷面与真实的天赤道平面未必保持完全平行、晷针所指也未必是北极点，需要对日晷进行精确矫正后才能达到正确报时的作用。要进行矫正也不难，只需在白天定时测量晷针针影的长度，直到确定无论在一天内的哪个时间里，针影的长度始终一致——这时就可确认日晷的晷面与天赤道平行、晷针所指为北极点。

在确定了天赤道后，就需要确定天赤道各星宿之间的宿距。古人建立了一套以北天极为原点、天赤道为 0 纬度的经纬线体系。通过这套体系的划分可以确定各星宿在天赤道体系中的位置。

2. 黄道

黄道是地球绕太阳公转的轨道平面与天球相交的大圆，是地球上的人看太阳于一年内在恒星之间所走的视路径，即地球的公转轨道平面和天球相交的大圆。简单地来说，地球一年绕太阳转一周，我们从地球上看太阳一年在天空中移动 365 圈或 366 圈，太阳这样移动的路线叫作黄道。太阳在天球上的"视运动"分为两种情形，即"周日视运动"和"周年视运动"。"周日视运动"即太阳每天的东升西落现象，这实质上是由于地球自转引起的一种视觉效果；"周年视运动"指的是地球公转所引起的太阳在星座之间"穿行"的现象。

如图 2.5 所示，此为北回归线以北、北极圈以南地区的太阳"周日视运动"轨迹：图 2.5（a）中间的那个半圆轨道是每年春分和秋分那两天中，太阳在白天运动时所走的（视）轨道；在两顶端的两个半圆轨迹分别是夏至和冬至那两天的太阳（视）运行轨迹，其中上顶端（C点）的是夏至轨迹圈、先秦时称为"日北至"，下底端（A点）的是冬至轨迹圈、先秦时称为"日南至"；而在夏至轨迹圈和冬至轨迹圈之间，分布着太阳其他各天的（视）运行轨迹，从夏至到冬至的过程中此轨迹圈逐日下移（C→B→A）直到冬至时到达底端，而从冬至到夏至的过程中此轨迹圈逐日上移（A→B→C）直到夏至时到达顶端。所有轨道圈的集合就是黄道。

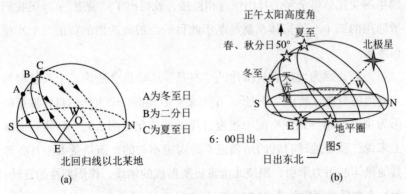

图 2.5　图（a）是太阳的周日视运动；图（b）是一年中不同地点（北极星高度为地理纬度），当地正午时太阳的高度角的变化

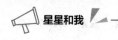

但这样的黄道显然过于庞杂，于是天文学把太阳在地球上的周年视运动轨迹，即太阳在天空中穿行的视路径的大圆，称为"黄道"，也就是地球公转轨道面在天球上的投影（主要考虑太阳的周年视运动，当要求高精度的观测时再把周日视运动的影响考虑进去）。黄道是在一年当中太阳在天球上的视路径，就是看起来它在恒星之间移动的路径，明显的也是地球在每年中所经过的路径。因此，黄道也同天赤道一样，被古人用（观测）恒星来标注，其中最著名的黄道体系就是西方的"黄道十二宫"。

中国的二十八星宿起初是天赤道体系，但随后逐渐向黄道体系转变。为何古人要做如此改变呢？这主要的原因还是来自于观测太阳的需求。

之前分析创造北斗和二十八星宿纪日体系的原因时就解释了，其主要作用就在于以星象标记太阳的运行轨迹。而最早的天赤道二十八星宿体系反映的是以北天极为旋转中轴所在的天球运行轨迹，它与太阳运动轨迹之间还是有不小的差异的。由于太阳在全年中每天的日出位点也是一直变化移动的，并不像天赤道那样初升点始终位于正东方，因此必须对天赤道二十八星宿体系做相应改造，才能反映出日出位点的年内变化。将全年的日出位点相连接，就得出了"黄道"；今天我们所通用的二十八星宿体系就是基于此目的而被改造出的黄道二十八星宿体系。

另外，因为地球自身所作的"岁差"运动也会造成二十八星宿与天赤道的分离。所谓"岁差"，在天文学中是指一个天体的自转轴指向因为重力作用导致在空间中缓慢且连续的变化（图2.6）。具体到地球上来说，就是地球自转的地轴也不是固定不动的，而是受太阳月亮等其他星体的引力牵引，围绕北南黄极所形成的轴线，作周期性的旋转；而这个自转的周期约为25 771年。

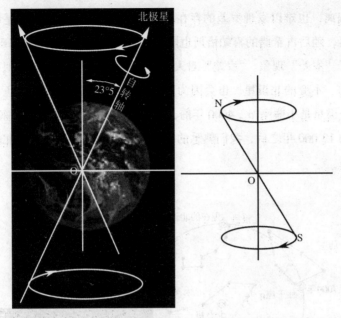

图 2.6　岁差就是由于太阳、月亮和大行星对地球的引力作用（主要在
　　　　赤道面）而产生的"固体潮"，造成的北天极绕着"北黄极"
　　　　的缓慢的周期性圆周运动

　　岁差运动对站在地面上仰观天文的最大影响就是：每过几百年，天
上的恒星就会整体偏离一定的经纬度。所以在原始二十八星宿体系被
发现后的几百年，人们会发现二十八星宿会逐渐远离天赤道，其中最
明显的案例就是：在公元前 1800 年后，天赤道不再从娄宿二与娄宿三
之间穿过，而是偏出了娄宿，娄宿不再"搂抱"天赤道。因为岁差运
动的周期在 25 000 年以上，所以在三五年内，若非借助精密的天文观
测仪器，仅凭人的双眼是无法观测到的。纵观历史，无论古希腊的喜
帕恰西，还是中国西晋的虞喜，都是通过比对前人留下的天文观测资
料与他当时所观测到的天象，才发现了"岁差"的存在（图 2.7）。而
在 4000 年前的上古，限于当时简陋的天文观测条件，即使看到了天赤

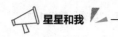

道的偏离，也难以发现岁差的存在。最早发现"岁差"现象的是中国人虞喜，随后古希腊的喜帕恰斯也同样在分析前人天文观测的基础上，发现了"岁差"现象。"岁差"对人类生活最直观的影响就是，似乎永远不动、不变的北极星，也会因为岁差的影响而不断地变换角色。目前的北极星是小熊座 α，4000 年前，这一"荣耀"是归属于天龙座 α。而大约 12 000 年之后，我们熟悉的织女星（天琴座 α）将荣登北极星的宝座。

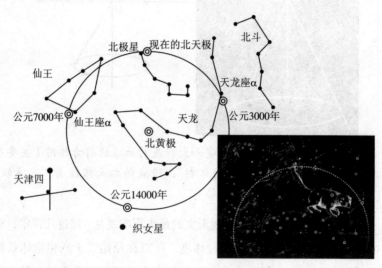

图 2.7 "岁差"影响星座位置

而相比于天赤道，黄道虽然也受岁差运动的影响，但其影响不如天赤道这样明显。以天赤道为基准的话，会发现恒星的整体北移，各星宿与天赤道之间的距离都发生了长短不一且不成比例的变化；而以黄道为基准的话，会发现各星宿与黄道的距离几乎从来不变，只是各星宿出现在夜空中同一位点的时间不断延后罢了。因此，从天文观测的实用性来看，黄道体系比天赤道体系稳定得多，黄道宿距几乎是固定不变的。古巴比伦早在 4000 多年前就出现了黄道，古希腊沿用其黄道并创立了"黄道十二宫";同样,虽然我国首创的二十八星宿是天赤道体系,但在长时间使用后发现了天赤道体系的显著变化和黄道体系的相对稳定,从而改用黄道体系。

3. 白道

白道(Moon's path)是月亮运行的轨道。是指月球绕地球公转的轨道平面与天球相交的大圆(见图2.8)。

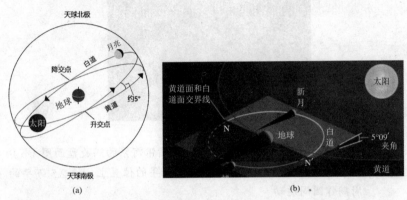

图 2.8 图(a):白道是月球绕地球运动的轨道,它与黄道面有一个大约 5° 的夹角;图(b):由于这个夹角的存在,使得并不是太阳、月亮、地球成为一线时,就必定发生日月食

4. 银道

银道,就是太阳绕银河系中心转动所运行的轨道(见图2.9)。如果说很多人没听说过"白道"的话,更多的人不知道"银道"。通过银道而建立的银道坐标系,主要用来研究银河系以及宇宙总体的运动情况。

银道面就是银道所在的平面。天球上沿着银河画出的一个大圆称为银道,与银河的中线非常接近。银河是银河系主体部分在天球上的投影。银道面也是银河系的主平面。以银道面作为基本平面的坐标系称为银道坐标系。

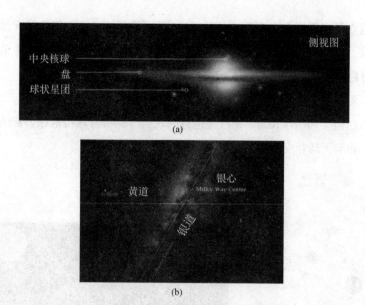

图 2.9　图（a）：银河系的侧面图，"盘"是指银河系的涡旋盘面图（b）：太阳在盘面上距离"银心"2.6 万光年的位置上，以 2.5 万年的周期作圆周运动

2.1.2　北斗七星　北极星

　　我们的认星从北极（星）附近开始，理由是这里大部分的星星都处于北半球居民的"恒显圈"里。夜里出现的机会最多，最容易被大家辨认。由于位于天空的"中央"受周日视运动的影响很小，所以，在我国的星空体系里，这里是"紫微垣"（见图 2.10）——天上的皇宫，星名也从天帝到皇宫里的各式人员应有尽有。在西方 88 星座体系中，主要包括的星座有：大熊星座、小熊星座、天龙座、仙后座（见图 2.11）以及仙王座、鹿豹座和天猫座等。

图 2.10　紫微垣天区图

图 2.10 最下方为北斗七星,图中由"左枢""右枢"开始的两道"垣墙"就是"紫微右垣"和"紫微左垣"。图中的"北极"星是宋代时期对应的北极星,当前的北极星为"勾陈一"(图中为紫微星)。其他有"天皇大帝"星、"帝"星、"太子"星、"后宫"星等皇亲国戚,还有配合皇帝统治的"尚书"星、"大理"星以及为皇宫服务的"御女""女史"星、"天厨""天牢"星等。

1. 北斗七星和北极星

注意啦,这是我们"星霸"等级的开始。"星霸 1 级"需要你最少认识十颗星,这里包括北斗七星加北极星一共 8 颗,再加上你的"本命星座"的主星(一般是最亮的那颗,后面我们会在黄道十二星座中介绍),比如,你是双子座的,最亮的就是弟弟的"头"——双子座 β。再加上"四大天王"的一颗星。

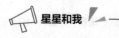

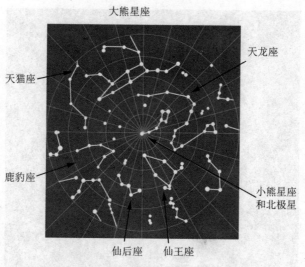

图 2.11　围绕北极星周围的星座

从北斗七星开始。那怎么去认识北斗七星呀？这个还真的没什么参照，实际上它似乎也不需要参照。记得一首歌的第一句就是："抬头望见北斗星。"你一抬头，向北看，北斗七星就在那里了（见图2.12（a））。真的要什么参照的话，可以选择斗柄上的三颗星——玉衡、开阳和摇光（图2.12（b）），就是大熊星座的 ε（玉衡、1.76等）、ζ（开阳、2.40等）和 η（摇光、1.85）星。选择它们的理由来源于先秦时期的一本书《鹖冠子》，其中讲道：斗柄东指，天下皆春；斗柄南指，天下皆夏；斗柄西指，天下皆秋；斗柄北指，天下皆冬（图2.12（c））。虽然这是3000年之前的天象，但是现在来看作为找到北斗七星的参考，还应该是足够可用的。

北斗七星由天枢、天璇、天玑、天权、玉衡、开阳、摇光组成。古人想象天枢、天璇、天玑、天权组成斗身称"魁"；玉衡、开阳、摇光为斗柄称"杓"。从斗身上端开始，到斗柄的末尾，按顺序依次命名为大熊星座的 α、β、γ、δ、ε、ζ、η 星。斗柄按季节指向东南西北。

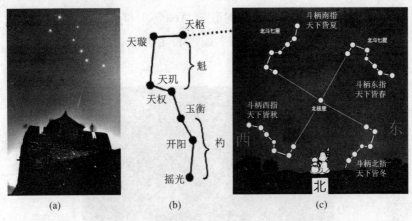

图 2.12　北斗七星

　　找到北斗七星只是我们认星的开始，接下来我们要"靠它们"去找到全天最重要的北极星。其实也很简单，北斗七星在大熊星座，斗是大熊的屁股、柄是大熊的尾巴，斗身上端的两颗星也是大熊星座的 α 和 β 星，也就是说是大熊星座中最亮和次亮的两颗星，把它们连线，然后沿着这个方向延长五倍，你就看到北极星了（见图 2.13），它也是小熊星座最亮的星（α 星、2.02 等）。而大熊星座的 α（天枢、1.81 等）和 β 星（天璇、2.34 等）被称为"指极星"。

　　北极星的中国星名叫勾陈一或北辰，距离我们约 400 光年。它是目前一段时期内距北天极最近的亮星，距极点不足 1°，因此，对于地球上的观测者来说，它好像不参与周日运动，总是位于北天极处，因而被称为北极星。

　　利用"指极星"寻找北极星应该是比较容易的，但是在我国的较低纬度地区，比如长江以南的区域，到了秋冬季之后，就几乎看不到北斗七星了。那么怎么办？看看北极附近的星空，我们发现还有一组亮星，正好相对北极星与北斗七星对称，这就是仙后座 5 星的"W"星组（见图 2.14）。仙后座中最亮的 β（王良一、2.28 等）、α（王良四、2.24

等）、γ（策星、2.47 等）、δ（阁道三、2.68 等）和 ε（阁道二、3.38 等）五颗星构成了一个英文字母"W"或"M"的形状，这是仙后座最显著的标志。

图 2.13　"指极星"和北极星以及"正北"方向

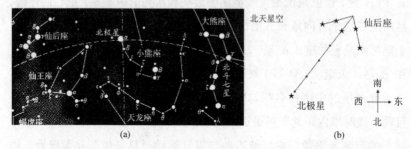

图 2.14　将仙后座 δ 和 γ 星连线的垂线延长 5 倍，那里就是北极星。
　　　　　将 α 和 β 以及 ε 和 δ 星分别连线，两条线的交点连接"W"
　　　　　形中间的 γ 星，然后将这个连线延长 5 倍，也可找到北极星。
　　　　　（b）图中"W"五星从左到右为：β、α、γ、δ 和 ε 星

2. 紫微垣的两道"垣墙"

仙后座的几颗星还构成了紫微垣"垣墙"的一部分。宋史天文志："紫微垣在北斗北，左右环列，翊卫之象也。"左垣八星包括左枢（天龙座

η、3.28 等)、上宰（天龙座 ζ）、少宰（天龙座 ε）、上弼（天龙座 δ）、少弼（天龙座 λ）、上卫（天龙座 73）、少卫（仙王座 π）、少丞（仙后座 23）；右垣七星包括右枢（天龙座 α、3.65）、少尉（天龙座 θ）、上辅（天龙座 ι）、少辅（大熊座 24）、上卫（鹿豹座 43）、少卫（鹿豹座 9）、上丞（鹿豹座 BK）（见图 2.15）。15 颗星对应 88 个星座中的天龙、仙王、仙后、大熊和鹿豹座等。其中，两垣墙最亮的左枢和右枢，7 级以上"星霸"需要辨认，级别低的只需要认清"垣墙"走向就好了。

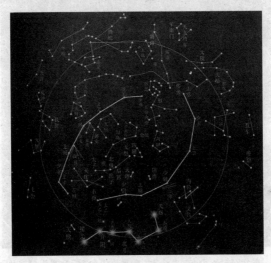

图 2.15　紫微垣的两道"垣墙"

　　用一条想象中的线条将它们连接在一起，象征着皇宫的宫墙。垣墙上开有两个门，正面开口处是南门，正对着北斗星的斗柄。垣墙的背面是北门，正对着奎宿的方向。组成垣墙的每颗星都是由周代时期所用的官名所命名。细看这些官名，它们是由丞相率领的，一些负责保卫皇宫安全的侍官和卫官，及负责皇家家政内外事务的宰相和辅弼组成的，并且外加了一名少尉。因为他是由国家派驻，专门负责皇宫刑狱的司法官。

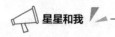
3. "北极五星"和"勾陈六星"

紫微垣之内（见图 2.16）是天帝居住的地方，是皇帝内院，除了皇帝之外，皇后、太子、宫女都在此居住。

图 2.16 紫微垣之内有"北极五星""勾陈六星"和"文昌星"

在紫微垣的垣墙内有两列主要星官，其中一列是"北极五星"，天枢星（北极五、5.40 等）是第一颗，属于鹿豹座，它是 3000 年前的北极星。在它边上有四颗呈斗形的星把它围起来，那是"四辅"。而南面有一串小星，第一颗就是后宫（小熊座 4、4.82 等），也就是传说中的王母娘娘，再往南是庶子（小熊座 5、4.25 等）、帝星（小熊座 β，2.07 等，1000 年前的北极星）和太子（小熊座 γ、3.0 等）。另一列是勾陈六星：勾陈一（北极星）、勾陈二（小熊座 δ、4.85 等）、勾陈三（小熊座 ε，4.2

等）、勾陈五（仙王座 43、4.0 等）、勾陈六（仙王座 36），被勾陈中呈勾状的四颗星（六、五、一、二）所包围的一颗小星，称为天皇大帝（仙王座 GC）。勾陈一是近代所使用的极星，也是这两列星中最显著、比较明亮的星。另外在垣墙内还有服侍天帝的"御女四星"，代表天帝在不同方位（东西南北中）上的座位的"五帝内座"，等等。在紫微垣的垣墙外分布着供皇宫中使用的一些设施，比如天厨和内厨两个厨房，睡觉用的天床，关押犯人的天牢，文官们的所在地文昌宫（星），天帝出行时用的帝车（北斗七星）等。

4. 大、小熊星座

大、小熊星座可以说无论中外都很有名。我国星空体系中的"魁"宿、文昌（曲）星，以及"三台星"都在大熊星座（见图 2.17）。魁就是为首、居第一位的意思：魁首。在我国古代科举制度中，考中状元就称为——夺魁！魁星又称为北斗星中第一星（应该是作为魁宿的星官），一般是指四颗斗星。

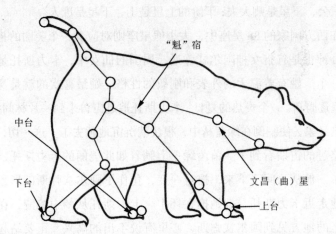

图 2.17　大熊星座。"魁"宿、文昌（曲）星和"三台星"。"魁"宿四星很亮，文昌和"三台星"都很暗。认识它们也需要 7 级以上

文昌星，是文运的象征，原本是星宫名称，不是一颗星，共六星

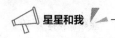

组成，形如半月，位于北斗魁星前（见图 2.16），因其与北斗魁星同为主宰科甲文运的大吉星，所以同文曲星混为一体于同魁而分不清。实际上，原来文曲星是指北斗魁星中的其中一颗星，而文昌星则是六颗星的总称，都在大熊星座。现在多是将文昌一（大熊座 ν 星，在大熊脖子上，见图 2.17）单星或者文昌一到三（组成熊头的三颗星，大熊座 ν、υ、θ 星）指做是"文昌星"。也因为文昌星与北斗魁星很是异曲同工而同称为文昌斗魁。同时，二十八星宿中的西方奎星，也因主宰科甲文运而称文昌奎星。

三台亦称三能。共 6 星，分上台、中台、下台，三台各 2 星顺次为大熊座 ι、κ；λ、μ；ν、ξ（见图 2.17）。西边靠近文昌的两颗星，叫上台，是司命，掌管寿命；接下来的两颗星叫中台，是司中，掌管宗族家室；东边的两颗星叫下台，是司禄，掌管军队。又认为三台是天阶，太一大帝踩着它用来上下出入大臣们办公的太微垣。还有一种观点认为是泰阶，象征地位。上阶的上星是天子，下星是女王；中阶的上星是诸侯三公，下星是卿大夫；下阶的上星是士，下星是庶人。

在西方国家的 88 星座中，大小熊星座则对应着一个美丽的神话故事。月神也是狩猎女神阿尔忒弥斯，周围的仙女中，卡力斯托是最动人的一个。她有着温柔的外表和刚毅的性格。她最喜欢的就是身穿猎装去追逐野兽。一个炎热的夏日，卡力斯托追赶野兽来到一片林间空地。她又热又累，便躺倒在绿茵丛中，很快就沉沉地睡去了。这一切，全被正巧路过的宙斯看到了。茵茵绿草上躺着如此美丽的卡力斯托，宙斯惊呆了。他从云间飞下来，摇身一变，化作了阿尔忒弥斯的形象。他轻轻地走近卡力斯托，把她抱在怀中。卡力斯托从梦中惊醒，在这人迹罕至的地方见到阿尔忒弥斯，心里有说不出的高兴。正要站起来和阿尔忒弥斯继续去狩猎，宙斯突然现出了原形。可怜的卡力斯托没有一点儿思想准备，她拼命反抗，可是无济于事……宙斯得意地返回了天宫。后来卡力斯托发觉自己怀孕了，不久后她生下了一个男孩，给他取名叫阿卡斯。天后赫拉耳闻此事，她发誓要用法力好好惩罚一下卡力斯托（不惩罚自己的老公！），让她知道知道天后的威严。赫拉施展法术，将天使般的卡力斯托化作了一只大熊。十五年过去了，小阿卡斯长成了年轻漂亮的小伙子，成为了一名出色的猎手。一天，阿卡斯手持长枪，正在林中寻觅猎物。忽然，一只大熊缓缓向他走来。这只熊就是卡力斯托。她认出了面前这个勇武的猎人正是自己十五年来朝思暮想的小阿卡斯，她激动地跑上前去要拥抱她的宝贝。天哪，阿卡斯怎么会想到眼前的大熊会是他的母亲！见到一只这么大的熊向他扑来，他赶紧举起长矛，用尽全身力气就要向大熊刺去。眼看一幕惨剧就要发生了。好在此时正在天上巡行的宙斯看到了这一幕，他实在不忍心让自己的儿子亲手杀害他的母亲。于是他把阿卡斯变成了一只小熊。这样一来，小阿卡斯立刻就认出了妈妈。他亲热地跑上去，依靠在母亲的怀里，母子俩幸福地团聚了（见图 2.18）。宙斯为了使这母子两人不再遭受什么意外，就把他们提升到天界，在众星之中给了他们两个荣耀的位置，这就是大熊星座和小熊星座。

图 2.18　欢快的小熊正在扑向大熊妈妈的怀抱

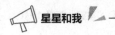

5. 天龙座　仙后座

天龙座看起来的确像一条蛟龙弯弯曲曲地盘旋在大熊座、小熊座与武仙座之间，所跨越的天空范围很广（图2.19（a））。天龙座是全天第8大星座，长长的龙身围绕着北极星半圈，每年5月24日子夜天龙座的中心经过上中天。

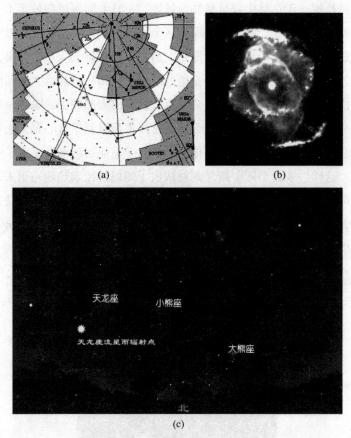

（a）　　　　　　　　　（b）

（c）

图 2.19　天龙座的三件事，星座、星云、流星雨

关于天龙座我们关心的有三件事，第一件就是两颗星：天龙座 α 和 γ，前者是 4000 年前的北极星，后者是天龙座里最亮的一颗星，也

恰好标识出龙头来；第二件就是天龙座流星雨（图 2.19（c）），是全年十大著名流星雨之一。一般出现在每年 10 月初，最佳的观测日期在 10 月 8—10 日。天龙座流星雨曾在 1933 年和 1946 年出现了两次特大爆发；第三件就是编号 NGC6543 的猫眼星云（图 2.19（b）），它有一颗中心亮星，却不易观察到。由于亮星周围包裹着一圈很明亮的蓝绿色气体壳，样子看上去酷似猫眼，所以这个星云叫做猫眼星云。猫眼星云是一个典型的行星状星云，距离我们约 3000 光年，是一颗类太阳恒星在生命的最后阶段（超新星爆发）所呈现的美景。行星状星云是中心快要死亡的恒星一次次向外喷发物质形成的美丽壳层图案。

仙后座可以帮助我们找到北极星，它本身也是一个亮星很多的星座。用肉眼仔细观察，你能数出超过 100 颗，其中最著名的就是那个"W"（见图 2.20）。

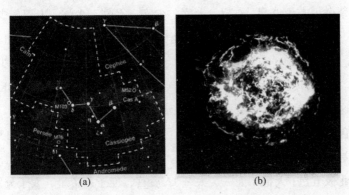

(a)　　　　　　　　(b)

图 2.20　（a）仙后座所在的天区（b）仙后座 A 超新星爆炸后留下的残骸

仙后座还是第谷在 1572 年发现超新星的所在地，从那一年的 11 月开始，这颗超新星的亮度一度超过了金星，一直持续了 17 个月才变得肉眼不可见。但是，历经 380 多年之后，利用超级望远镜，我们又拍到了这个超新星爆炸的残骸。令人激动的是，它是那么美丽漂亮。

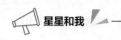

疏散星团 M52（NGC 7654，NGC 表示星云星团总表）是位于仙后座的一个梅西耶星体，可以使用双筒望远镜看到。

6. 星数小结

北极附近的星空还有仙王座、鹿豹座、天猫座等，由于没有很亮的星，也不具备太好听的传说故事，所以，对于一般的天文爱好者，我们可以先行忽略。如果，你想升级为天文发烧友，那你自己也就能找到认识它们的办法。我们这里先就我们已经"装到口袋里"的星星，做个小结吧！

北斗七星加上北极星，是 8 颗了。对应于北极星的仙后座"W"五星，仙后座的 α、β、γ、δ 和 ε，对应我国星名：王良四、王良一、策星、阁道三和阁道二。这就是 13 颗星了。它们基本属于"星霸"1 到 3 级需要认识的星星。

紫微垣左垣八星：左枢、上宰、少宰、上弼、少弼、上卫、少卫、少丞，对应西方星座名为，天龙座 η、ζ、ε、δ、λ、73、仙王座false、仙后座 23；右垣七星：右枢、少尉、上辅、少辅、上卫、少卫、上丞。分别对应于天龙座 α、θ、ι、大熊座 24、鹿豹座 43、9、BK 星。对于这 15 颗星，初学者只需要能认清楚"墙垣"的走势就好了，至于辨认它们，那基本上是"星霸"7 级以上的事情了。这样加上前面的 13 颗，我们差不多有 28 颗星星可以认识了。

北极五星：天枢（天一、太一）、后宫、庶子、帝星、太子分别对照的是鹿豹座、小熊座 4、小熊座 5、小熊座 β 和小熊座 γ 星。勾陈六星对应的是小熊座 α、δ、ε、ζ、仙王座 43、仙王座 36。这样，我们就又多认识了 11 颗星。

大小熊星座，能够增加的星星包括"三台星"的 6 颗星和文昌（曲）星的一颗或者六颗星。三台按上、中、下各 2 星顺次为大熊座 ι、κ；λ、μ；ν、ξ。文昌（曲）星一般是指大熊星座 ν 星。这里我们可以再加上 7 颗星。

天龙座里 α 星我们已经认识了，天龙座 γ 是天龙的"头"，也是星座中最亮的那一颗，你可以认识一下。然后再注意天龙座流星雨和 NGC6543 猫眼星云就已经很棒了。仙后座的五颗主星（W）我们已经在认识北极星时找到了，所以，再注意 M52 星团就好了。

总结下来，8+5+15+11+7+1=47，再加上两个梅西耶天体就是 49 了。星霸 10 级我们说应该是认识 100 颗以上的天体，你在北极附近就差不多完成任务的一半了，是不是很有成就感。我们继续！

2.1.3 黄道星座

从"需要"的角度来说，大家最想认识的星（座），除去北极星、北斗七星等，就应该是黄道十二星座了。北极附近的星空（故事）是中国星空体系唱主角；黄道上那肯定就是西方的十二星座了。因为它们都有美丽的故事，还被星相学家赋予了许多东西，诸如性格、前途、婚姻等，总之，你关心自己什么，他们就为你"设想"什么。

由于我们星霸等级的需要，所以，在介绍黄道十二星座时，我们会为你"循序渐进"地讲解。对每个星座，先给出它的 1 颗"主星"，然后给出它的"标识星" 2~3 颗，最后给出星座的"形状星（能构成星座基本形象）"若干颗。最后，我们还是会做"星数小结"的。

1. 白羊座

特寒里亚国王阿塔玛斯和王妃涅佩拉结婚，两人生了一对双胞胎，但国王却和特贝的公主伊诺娃有段婚外情，要将涅佩拉王妃赶出宫，而迎立伊诺娃为新王妃。当伊诺娃有了自己的孩子后，就决定要杀死前王妃涅佩拉所留下的一对双胞胎（哥哥普里克思，妹妹赫雷）。她收买占卜师向国王告状：若不将前王妃所生的孩子送给宙斯当祭品，众神将大怒，今年将闹饥荒。涅佩拉知道后就向宙斯求救，于是宙斯就派

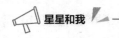

天上的黄金白羊去载这两兄妹到天上。因上升速度太快，妹妹跌落大海，白羊就一边回头看妹妹，一边守护着哥哥，而形成现今的白羊座。这是黄道上的一个小星座，但它的 3 颗最亮的星，α（娄宿三、2.01 等）、β（娄宿一、2.64 等）和 γ（娄宿二、3.88 等）还是比较明亮的。

白羊座是黄道第一星座，位于金牛座西南，双鱼座东面。每年 12 月中旬晚上八九点钟的时候，白羊座正在我们头顶。秋季星空的飞马座和仙女座的四颗星组成了一个大方框，从方框北面的两颗星引出一条直线，向东延长一倍半的距离，就可以看到白羊座 α 和 β 星了。

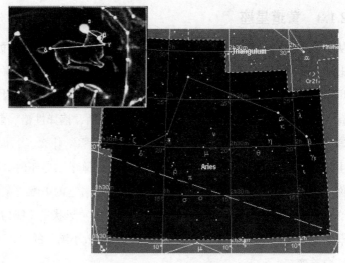

图 2.21　白羊座星图

图 2.21 中白羊座构图上似乎有些"牵强"，α、β、γ 三颗星算是顶起来的"羊头"。实际上，对于"奋勇向前"的白羊座来说，最重要的也就是"羊头"。

白羊座看上去太小、太暗，但它是 2000 年以前的春分点所在的星座，现在的春分点已经移到双鱼座。每年约 4 月 18 日到 5 月 14 日太阳在白羊座中运行，黄道上的谷雨和立夏两个节气点就在这个星座。

白羊座的"主星"当然是 α 星了，"标识星"建议去认识 α，β 和 δ，这样可以把羊头和羊尾串连起来。还有就是白羊座 γ 星，1664 年英国的胡克确认它是双星，这是望远镜时代到来以后，人类最早确认的双星之一。两颗子星都是白色的，亮度相同（+4.5 等）相距 7.8 弧秒。你仔细一点就很容易辨认。

2. 金牛座

希腊国王贝纳斯有位美丽的公主赫洛蓓。有一天，公主和侍女们到野外摘花、玩耍，突然出现一只如雪花般洁白的牛，以极温柔的眼光望着赫洛蓓，其实这只牛是仰慕公主美色的宙斯变的。一开始公主只是走向温驯的牛身旁，轻轻地抚摸它。由于公牛显得非常乖巧而温驯，于是公主就放心地爬到牛背上试骑。忽然间牛奔跑了起来，最后跳进爱琴海。公主紧抱着牛，海里生物皆出来向宙斯行礼，公主终于知道牛是宙斯的化身，到了克里特岛后，就和宙斯举行婚礼，化身为牛的宙斯和赫洛蓓公主过着幸福的日子。

金牛座最佳观测月份是 12 月到 1 月。在公元前 3000 年，金牛座 α 星（毕宿五、0.85 等、全天第十三亮星）是天空中二分二至点的标识（星）。它和同样处在黄道附近的狮子座 α 星（轩辕十四）、天蝎座 α 星（心宿二）和南鱼座 α 星（北落师门）在天球上各相差大约 90°，正好每个季节一颗，它们被合称为黄道带的"四大天王"。这颗明亮的大星代表公牛的眼睛。它把人们的视线引向毕星团，它们构成的 V 字形代表公牛的头（见图 2.22）。

寻找金牛座，可以从冬季星空的"冬季六边形"开始。找到其中的毕宿五，它就是金牛座的"主星"。"标识星"是它再加上 β（五车五、1.65 等）和 ζ（天关星、2.97 等）组成金牛的两个犄角；λ（毕宿八、3.41 等）和 γ（毕宿四、3.63 等）、ξ 星（天廪三、3.73 等）是金牛的两条"前腿"。金牛座 λ 星是一个食变双星，在 3.95 天的光变周期中，星等在

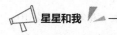

+3.4~+4.1 等之间变化。

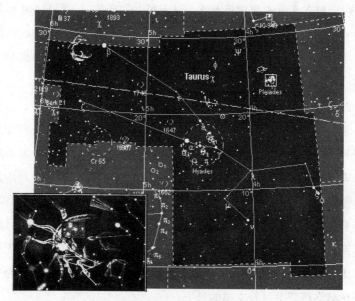

图 2.22　金牛座星图

　　金牛座 α 星和它周边的毕星团是牛眼、牛头，两个伸出去长长犄角的顶端是 β 星和 ζ 星。再进一步的话，你可以去注意分开两条前腿的 λ 星，以及两只脚上的 γ 星和 ξ 星。

　　金牛座中最有名的天体，是"两星团加一星云"。连接猎户座 γ 星和毕宿五，向西北方延长一倍左右的距离，有一个著名的疏散星团——昴星团。眼力好的人，可以看到这个星团中的七颗亮星，所以我国古代又称它为"七簇星"。昴星团距离我们 450 光年，它的半径达 13 光年，用大型望远镜观察，可以发现昴星团的成员有 280 多颗星。另一个疏散星团叫毕星团，它是一个移动星团，就位于毕宿五附近，但毕宿五并不是它的成员。毕星团距离我们 143 光年，是离我们最近的星团了。毕星团用肉眼可以看到五六颗星，实际上它的成员大约有

300 颗。

M1（蟹状星云）是一颗超新星爆发的遗迹，也是梅西耶星表中唯一一个这类天体。它在 1054 年 7 月 4 日爆发，中国人观测到了这一现象，并留下了有关"客星"的记载。用小望远镜（8 厘米）观测，这个星云像一团形状不规则的乳白色的光晕。它的星等是 8.4 等。

3. 双子座

迷恋斯巴达王妃勒达美色的宙斯，为接近她而化身为天鹅，两人生了一对双胞胎：神子波拉克斯和人之子卡斯托。两人皆是骁勇冒险的武士，经常联手立下大功。他们二人也有一对双胞胎堂弟伊达斯和林克斯。一天四人去抓牛，抓了很多牛准备平分时，贪心的伊达斯和林克斯趁波拉克斯、卡斯托兄弟不备时，将牛全部带走了。两对双胞胎大起争执，结果伊达斯用箭将卡斯托射死。波拉克斯伤心得要随卡斯托赴天国，但却因为拥有永恒的生命而不能如愿。他的悲痛感动了宙斯，宙斯就为他们二人设立星座，分别住在天国和死亡之国。

双子座最佳观测月份是 1 月到 2 月，寻找它也是通过"冬季六边形"。双子座 α 星（卡斯托，北河二、1.58 等）是一个著名的六合星系统，但其中的伴星与主星相距太近，很难分辨出来（见图 2.23）。

双子座 β 星（波拉克斯，北河三、1.14 等），比双子座 α 星略亮一点(为了兄弟友谊 α、β 星对换了)可视为"主星"。它距我们 34 光年，比双子座 α 星到我们的距离近 17 光年。

双子座 ζ 星（井宿七、3.79 等）是一颗造父变星（亮度随时间变化的脉动变星）。光变周期是 10.15 天，亮度变化范围在 +3.6~+4.2 等之间。双子座 η 星（钺星、3.28 等）是一颗长周期变星，周期为 233 天。它的亮度变化幅度是 +3.1~+3.9 等之间。也是双星，因为伴星的星等是 +8.8 等，并且与主星相距仅 1.6 弧秒，用小型望远镜很难分辨。1781 年威廉·赫歇尔就在这颗星附近发现了天王星。α、β 星可视为"标

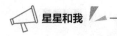

识星"。

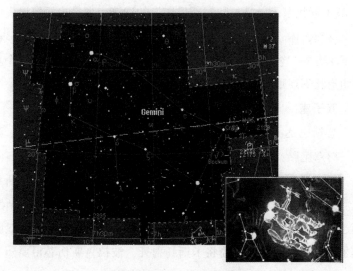

图 2.23　双子座星图

　　双子座 α 和 β 星是两兄弟的头，两兄弟的身体就像是一个"等号（＝）"。弟弟 α 和 τ（五诸侯二、4.41 等）、ε（井宿五、2.98 等）、μ（井宿一、2.81 等）星构成一边；哥哥 β 略微向 κ（积薪、3.57 等）弯曲一点，然后和 δ（天樽二、3.53 等）、ζ（井宿七、3.79 等）、γ（井宿三、1.93 等）构成另一条边。弟弟一边的 θ 星（五诸侯一、3.60 等）是他手中的箭，用来抵御敌人；哥哥一边的 λ 星（井宿八、3.58 等）是他弹的琴，用来娱乐自我。

　　梅西耶天体 M35，用小型望远镜可以看到，因为它面积很大（直径约 30 弧分），在黑暗的夜晚用裸眼也可以看到它，并且用双筒望远镜很容易看清。它是一个恒星很多的星团，有几条突出的恒星链。它距我们大约 2300 万光年。用 10 厘米或更大的望远镜可以毫无疑问地在这个星团的西南端找到一块亮斑。这就是 ngc2158，是银河系中最丰富的疏散星团之一，但它距我们非常远（约 16800 光年）。

　　ngc2266 是一个丰富的星团，用 20 厘米的望远镜观测，它的形状像一把剑，在剑锋上有一颗＋9 等星。ngc2392 星云也叫小丑的脸或爱斯基摩星云，尽管使它获得这两个绰号的特征只有用高倍放大率加上30 厘米或更大口径的望远镜才能看到。ngc2392 看上去是一个蓝绿色的圆盘，有一颗明亮的中央星。它的星等是＋8.3 等，直径约 30 弧秒。ngc2420 是一个疏散星团，它位于恒星密集的天区，用 20 厘米望远镜看可见一个朦胧的 V 字形星云和几颗恒星在一起。

　　双子流星雨是最可靠的流星雨之一，它的峰值出现在 12 月 13 日或 14 日。在无月的夜晚，每小时可以看到多达 60 颗流星。

4. 巨蟹座

　　宙斯和人间女孩阿克梅妮生了儿子海格拉斯，海格拉斯后来和德贝的公主结婚，生了小孩过着美满的生活。可是因为天后赫拉的咒语，海格拉斯竟亲手刃妻，自己也要自杀。宙斯为了让他赎罪，就任命他为耶里斯特斯王，但他必须经历十二大冒险行动，其中第二项是制服住在沼泽中的怪物西多拉。西多拉是只九头巨蛇，躲在沼泽附近的洞窟内，海格拉斯对其投火炬，被激怒的西多拉就吐毒气攻击，同住在沼泽里的大巨蟹想帮助西多拉，就跳出来咬住海格拉斯的脚，结果巨蟹被踩碎，西多拉也被制服。赫拉因感伤它的逝世，而在天上设立巨蟹座。

　　巨蟹座最佳观测月份是 2 月到 3 月。尽管巨蟹座没有一颗超过 4 等的亮星，但它却很好辨认：它的两边都是亮星座——西边是双子座，东边是狮子座。巨蟹座由较亮的 3 颗恒星 α、β、δ 组成一个"人"字形结构，可视为"标识星"（见图 2.24）。β 星（柳宿增十、3.53 等）最亮可视为主星，巨蟹形状建议先连接 α（柳宿增三、4.26 等）、δ（鬼宿四、3.94 等）、γ（鬼宿三、4.66 等）和 λ 星（爟二、5.92 等），其中，

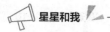

α 和 λ 星是两个"大钳子"，δ 和 γ 是腿；然后，将 δ、γ、η（鬼宿二、5.33 等）、θ（鬼宿一、5.33 等）连成一圈，构成螃蟹的身子。恰好，"鬼星团"我们称之为"积尸气"被圈在其中，模模糊糊的一团算是"蟹黄"吧。这样子看起来更像一个横行的螃蟹。不然，一是太小；二是亮星太少，你就很难找到它。

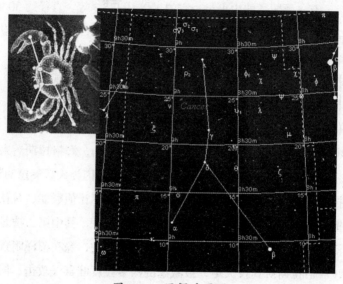

图 2.24　巨蟹座星图

5. 狮子座

宙斯和阿克梅妮所生之子海格拉斯，被任命为耶里斯特斯王，要去执行十二项困难的任务，第一个任务是制服在涅梅谷的不死食人狮，这只狮子专吃家畜和村人，人人畏惧。以前曾有人试图制服它，但未见生还者。来到涅梅谷的海格拉斯也是迷路了好多天才发现狮子的踪迹。海格拉斯欲射箭攻击，但因狮皮太硬而无效。用剑砍，剑也弯掉了，于是用橄榄树制成粗棍，用力往狮头打去，此时不怕弓箭的狮子也畏惧了发怒的海格拉斯，被海格拉斯绑住脖子，终于被击倒。天后赫拉为了感念这只狮子，就在天上设立了狮子星座。

狮子座最佳观测月份是 3、4 月。它在春季的星空很是"醒目"，可以借助于"春季大三角"先找到狮子座 β 星（五帝座一、2.14 等）。然后，狮子座就可以看成是由一个三角形（狮子尾巴）、一个五边形（狮子的身子）和一把"镰刀"也可以看成是一个"反问号"（狮子的头、脖子及鬃毛部分）组成（见图 2.25）。

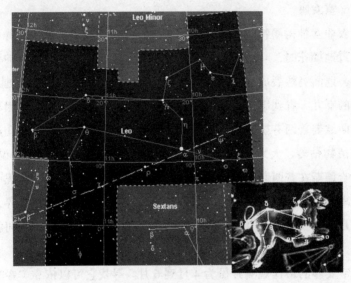

图 2.25　狮子座星图

狮子尾巴的三颗星是 β、δ（鬼宿四、3.94 等）和 θ（鬼宿一、5.33 等）；五边形的身子有 α 星（轩辕十四、1.35 等，也是狮子座的主星）、η（轩辕十三、3.52 等）、γ（轩辕十二、1.98 等）以及 δ 和 θ 组成；由南向北，γ、ζ（轩辕十一、3.44 等）、μ（轩辕十、3.88 等）、ε（轩辕九、2.98 等）及 λ（轩辕八、4.32 等）和 κ（轩辕七、3.94 等）组成了那个"反问号"。"标识星"可选 α 和 β。

狮子座位于后发座方向银河系的北极附近，所以可以看到大量的

河外星系，最著名的就是狮子座三重星系和 M96 星系团。

　　每年 11 月 14、15 日前后，流星雨之王——狮子座流星雨就在反问号的 ζ 星附近出现。它伴随的是坦普尔－塔特尔彗星的回归，该彗星有一个大约 33 年的爆发周期。早在公元 931 年，我国五代时期就已记录了它极盛时的情景。到了 1833 年的最盛期，流星就像烟火一样在 ζ 星附近爆发，每小时最少有上万颗。

　　6. 室女座

　　农业女神得墨特尔和宙斯大帝育有一女普西芬妮，有一天普西芬妮在野地摘花时，有朵从未见过的美丽花朵正盛开着，正当她伸手要摘时，地面突然裂成好几块，她就掉了下去。母亲得墨特尔四处寻找失踪的女儿。看到事情经过的太阳神赫利俄斯告诉得墨特尔，因冥王哈德斯欲娶普西芬妮为妻，而将她带回地下。得墨特尔因为悲伤过度而使植物枯萎，大地一毛不生。宙斯看事态严重，就向哈德斯说情，可是哈德斯在普西芬妮要走时，拿了冥界石榴给她吃。普西芬妮因为可以离开，高兴地吃了四个，结果被迫一年有四个月要留在冥界，这四个月就变成了今日万物不宜耕种的冬天，普西芬妮一回到人间就是春天，得墨特尔就是室女座的化身。

　　室女座的最佳观测月份为 4 月到 6 月。寻找它可以依靠"春季大三角"，其中有室女座 α（角宿一、1.00 等），可以视为主星。每年 4 月 11 日子夜室女座中心经过上中天。现在的秋分点位于室女座 β（右执法、3.60 等）附近。这是个有点复杂、比较难认的星座，可以简化为一个大写的字母"Y"（见图 2.26）：以 α 到 γ 星（东上相、2.75 等）为柄，从 γ 星开始分为两叉，γ、δ（东次相、3.4 等）ε（东次将、2.83 等）为一分支，γ、η（左执法、4.1 等）、β 为另一分支。α、γ 和 β 星可视为"标识星"。

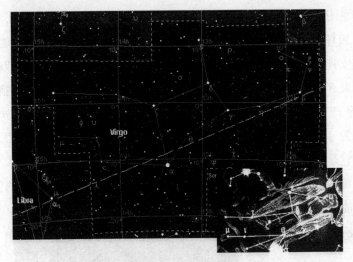

图 2.26　室女座星图

室女座 ε 以西 5°~10° 就是室女座本超星系团，当中包括 M49（椭圆）、M58（螺旋）、M59（椭圆）、M60（椭圆）、M61（螺旋）、M84（椭圆）、M86（椭圆）、M87（椭圆；著名的射电源）及 M90（螺旋）。另一著名的深空天体为 M104（亦称阔边帽星系），位于角宿一以西约十度，是一个椭圆星系。

7. 天秤座

天秤座就是正义女神亚斯托雷斯在为人类做善恶裁判时所用的天秤的化身，亚斯托雷斯一只手持秤，一只手握斩除邪恶的剑。为求公正，所以眼睛皆蒙着。从前的众神和人类是和平共处于大地上，神拥有永远的生命，但人类寿命有限。因此寂寞的神只有不断创造人类，然而那时的人好争斗，恶业横行，众神在对人类失望之余回到天上。只有亚斯托雷斯女神舍不得回去而留在世间，教人为善。尽管如此，人类仍继续堕落，于是战事频起，开始了不断的打打杀杀。最后连亚斯托雷斯也放弃人类而回到天上。天空就高挂着钟爱正义和平公正的天秤

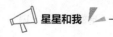

座（见图 2.27）了。

天秤座最佳观测月份是 5 月到 6 月。位于室女座与天蝎座之间，在室女座的东南方向。星座中最亮的四颗星 α（氐宿一，目视双星、由亮度 5.2 的 α1 与亮度 2.8 的 α2 所构成，呈蓝白色）、β（氐宿四、2.6 等）、γ（氐宿三、4.0 等）、σ（氐宿增一、4.9 等）构成一个四边形，可视为"标识星"。β 星（可视为主星）又和春季大三角构成一个大菱形。它是全天唯一一颗肉眼可以看出为绿色的星。

梅西耶天体 NGC 5897 是一个松散的球状星团，使用 20cm 的望远镜才能勉强看见它。

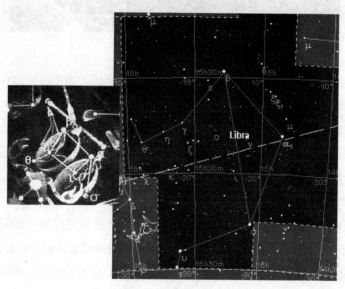

图 2.27　天秤座星图

建议把天秤座星团看成一个"物理天平"。α、β 和 σ 是天平的"挂架"；β、γ、η（西咸四、5.4 等）和 θ（西咸三）构成一个"托盘架"；σ、ν（氐宿增十、5.2 等）和 τ 星（天辐二、3.66 等）构成另一个"托盘架"。

8. 天蝎座

在古希腊时代，海神波塞冬的儿子奥立安是位有名的斗士，不仅是美少年，还具有强健的体魄，相当有女人缘。他本身也相当自豪，还曾大言不惭地公告天下：世界上没有比我更棒的人！赫拉听到后相当不悦，就派出一只猛毒的天蝎去抓奥立安。天蝎悄悄溜到毫不知情的奥立安身边，以其毒针向其后脚跟刺去，奥立安根本来不及有所反应，就气绝身亡。天蝎因为有此功勋，所以天上就有天蝎座。即使现在，只要天蝎座从东方升起，奥立安座（猎户座）就赶紧向西方地平线隐藏沉没。

天蝎座最佳观测月份是 6 月到 7 月。位于南半球，在西面的天秤座与东面的人马座之间，是一个接近银河中心的大星座。夏季出现在南方天空（北半球 40° 以上的高纬度地区较难看到），蝎尾指向东南，指向银河系中心的方向。α 星（心宿二）是红色的 1 等星，可以作为星座主星。疏散星团 M6 和 M7 肉眼均可见（见图 2.28）。

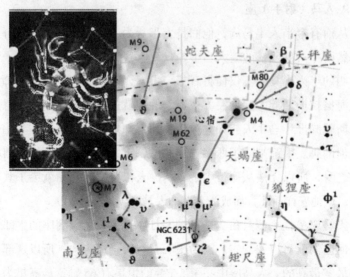

图 2.28 看上去有点"张牙舞爪"的天蝎座（星图）

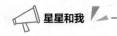

认识天蝎座，可以去找两个"三连星"和一个"天勾"。第一个"三连星"中心的星，就是天蝎座 α 星（心宿二），我国称之为"大火"，是天上的"三把火"之一（其他两把火分别是猎户座 α 星和火星）。也是古代波斯人选择守护天球的四柱（星）之一，其他三根柱子是：南鱼座的 α 星（北落师门）、狮子座的 α 星（轩辕十四）及金牛座的 α 星（毕宿五）。心宿二和 σ 星（心宿一、3.05 等）、τ 星（心宿三、2.80 等）构成蝎子的"心胸"部分，其中心宿二是心脏；σ 星的右上方是 δ 星（房宿三、2.35 等），它和 β 星（房宿四"蝎子的前额"、2.60 等）、π 星（房宿一、2.85 等）组成另一个"三连星"，构成蝎子的"头"和两只前"鳌"；"天勾九星"则是从 τ 星开始，由 ε（尾宿二、2.25 等）、μ（尾宿一、2.8 等）、ζ（尾宿三、4.7 等）、η（尾宿四、3.33 等）、θ（尾宿五、1.85 等）、ι（尾宿六、3.03 等）、κ（尾宿七、2.39 等）和 λ（尾宿八、1.62 等）九颗星构成蝎子弯弯的身子。在尾巴头上的 λ 星旁边，还有一颗 ν 星（尾宿九、2.70 等）那是蝎子尾巴上的"毒针"。

9. 人马（射手）座

从前有个半人半马族，他们是上半身为人，下半身为马的野蛮种族。然而在一群残暴的族人当中，只有收获之神克罗那斯的儿子肯农为贤明的半人半马，不仅懂得音乐、占卜，还是海格拉斯的老师。有一天海格拉斯和族人起冲突，被追杀的他就逃入肯农家中，愤怒的海格拉斯就瞄准半马半人族频频放箭，却不知老师肯农也混在其中，而射到他的脚。因箭端沾了西多拉怪物的剧毒，肯农痛苦不堪，因具有不死之身，所以无法从痛苦中解放。巨人神普罗米修斯就废了其不死之身，让他安详而死，而成为天上的人马座（见图 2.29）。

人马座最佳观测月份为 7 月到 8 月。夏夜，从天鹰座的牛郎星沿着银河向南就可以找到它。因为银心就在人马座方向，所以这部分银河是最宽最亮的。人马座中亮于 5.5 等的恒星有 65 颗，最亮星为人马

座 ε（箕宿三、1.85 等），可视为主星。每年 7 月 7 日子夜人马座中心经过上中天。

图 2.29　人马座星图

人马座的形象是"半人半马"，骑在马上的"半人"还在张弓搭箭。可将人马座视为四个部分组成（弓箭、马身、人身、人腿，见图 2.29）。μ（斗宿一、3.17 等）、λ（斗宿二、2.8 等）、δ（箕宿二、2.72 等）、ε 是那张弓，δ 和 γ（箕宿一、2.98 等）就是"箭和箭头"；φ（斗宿三、3.2 等）、σ（斗宿四、2.1 等）、τ（斗宿五、3.3 等）和 ζ（斗宿六、3.37 等）四颗星构成马的身子，而 η（箕宿四、3.10 等）是马腿；半人还真的是有点"怪异"，从 σ 开始，连接 o（建二、3.8 等）、π（建三、2.9 等）、ρ（建五、3.9 等）、υ（建六、4.5 等）构成人的身子，ξ（建一、3.5 等）则是"人头"；而由 τ 到 ω（狗国一、4.7 等）和由 τ 经 ζ（斗宿六、3.26 等）到 α（天渊三、3.96 等）、β 天渊一、4.27 等）分别是人的两条腿。感觉是有点复杂，对吧！来点简单的，在我们国家，

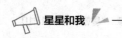

人马座里最重要的就是"南斗六星"。μ 和 λ 为"斗柄"，φ、σ、τ 和 ζ 形成"斗身"，也就是斗宿。这六颗星也就是人马座"标识星"了。

　　人马座正对着银心方向，所以它里面的星团和星云特别多。在南斗 σ 和 λ 两星连线向西延长一倍的地方，可以看到一小团云雾样的东西，这其实是个星云。在望远镜里看上去，它是由三块红色的光斑组成的，十分好看，被称为"三叶星云"。人马座里的星云还有不少，比如在南斗斗柄 μ 星的北面，有个星云很像马蹄子的形状，因此被称为"马蹄星云"。

10. 摩羯座

　　野山之神潘恩以牧神身份成为牧羊人的守护神，其外表是上半身为人，下半身为摩羯，因此不是很出众。但他充满活力，最爱唱歌、跳舞。有一天他在河畔巧遇仙子裘林克丝，一见钟情下欲跟踪时，裘林克丝落荒而逃。潘恩穷追不舍，被追的裘林克丝就向神祷告，突然消失了踪影，只见一枝芦苇在风中摇曳。失望的潘恩就摘下芦苇制成笛子，吹奏思念之歌。有一天在河边设宴的众神正聆听潘恩吹奏时，突然怪物杰凡出现，众神马上化身为各种动物逃亡。慌忙的潘恩也化成鱼跳至水中，但只有下半身是鱼形，成了奇怪的模样。

　　摩羯座（见图 2.30）最佳观测月份为 8 月到 9 月。它是个不太亮的小星座，最亮星是摩羯座 δ（垒壁阵四、2.81 等），可视为星座主星。每年 8 月 8 日子夜摩羯座中心经过上中天。

　　这个南天星座尽管没有一颗亮星，但轮廓相当清楚，组成一个倒三角形结构，在黑暗的夜晚很容易辨别。如果你想简单地辨星，那你就把它看成一个"三角形的大风筝"，δ、α（牛宿二、3.58 等）和 ω（天田二、4.12 等）在三个顶角上，它们可以视为摩羯座的标识星，摩羯座 α 在我国还有一个名称"牵牛星"，就是牛郎织女故事中的那头老牛；再复杂一点，在希腊神话中，摩羯是一个长着羊的上半身和鱼的

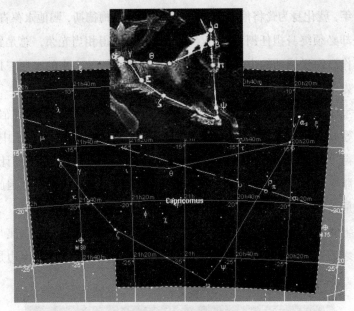

图 2.30　摩羯座星图

下半身的怪物，形象意味着冬至日（太阳高度最低）的太阳在艰难地升高……那么，羊头就是 α 和 β（牛宿一、3.05 等），羊身子应该是 ρ 星（牛宿六、4.77 等）、τ 星（罗堰一、5.24 等）和 θ 星（秦一、4.08 等）构成，而 ω 星是"羊腹"（阿拉伯人就是这样叫的）；鱼的尾巴是 δ 星，连接的鱼身子由 θ、ι（代一、4.28 等）、γ（垒壁阵三、3.69 等）和 ξ（牛宿三、5.84 等）、κ（垒壁阵一、4.72 等）构成。

对于天文爱好者来说，摩羯座没有多少有趣的星体，这个区域的星系都很微弱。摩羯座有一个梅西耶天体球状星团 M30。

11. 宝瓶座

众神在所住的奥林匹斯神殿设酒宴，斟酒的就是宙斯和赫拉的女儿赫贝。赫贝之美远近闻名，后和宙斯之子海格拉斯结婚，不能再担任斟酒职务。宙斯寻找接班人，有一天宙斯下凡时，发现一名追羊的美少年，就化身为鹫将他抓住，为他更名为卡尼梅德斯，赐他永葆青春，可是却必须终身担任斟酒职务。卡尼梅德斯觉得相当光荣，总是勤奋地工作。深受感动的宙斯，就送给他一个装满智慧之水的水瓶，日后被封为天上的宝瓶座。

宝瓶座最佳观测月份是 8 月到 10 月。最亮星为宝瓶座 β（虚宿一、2.90 等），可视为星座主星。每年 8 月 25 日子夜宝瓶座中心经过上中天。1846 年 9 月 23 日，德国天文学家伽勒根据法国天文学家勒维耶的计算，在宝瓶座 ι（垒壁阵五、4.29 等）附近发现海王星。海王星也因此被称为是在笔尖底下发现的行星。

宝瓶座是一个大但暗的星座（见图 2.31），位于黄道带摩羯座与双鱼座之间，东北面是飞马座、小马座、海豚座和天鹰座，西南边是南鱼座、玉夫座和鲸鱼座。

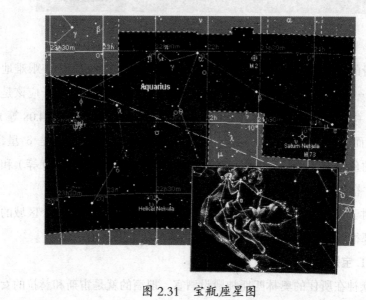

图 2.31　宝瓶座星图

宝瓶座 α 星（危宿一、3 等）为抱着水瓶的少年的右肩，β 星为他的左肩，γ 星（坟墓二、3.84 等）是他抱水瓶的右手，这三颗星可

视为星座的标识星;宝瓶座 ζ 星(坟墓一、3.7 等)可看做"瓶口",
而从 η(坟墓三、4.04 等)到 φ(垒壁阵八、4.22 等)、λ(垒壁阵七、
3.73 等)、τ(羽林军二十四、4.05 等)、δ(羽林军二十六、3.26 等)
到 ω(羽林军四十四、4.97 等)的线条所构成的图案,像是从玉瓶中
流出的玉液琼浆。最后流入了南鱼座 α 星(北落师门)的口中,怪不
得"南鱼"有那么大的肚子。

梅西耶天体中,M2 是很耀眼的球状星团。它呈现出一个圆形的星
云状的光,相当明亮但不透明,越向中心越明亮。直径约为 6.8 弧分,
距地球 4 万光年;M72 球状星团,距离 5.6 万光年;NGC 7009,行星状
星云,最初被罗斯公爵定名为土星状星云。这个星云的亮度为 +8.3 等;
NGC 7293 非常巨大的行星状星云,称为螺旋星云或蜗牛星云。它是同
类天体中距地球最近的,距离 326 光年。

宝瓶座每年会出现两次流星雨。一次于 5 月上旬出现在 η 星附近,
5 月 5 日是其最为壮观的时期,是由哈雷彗星造成的。另一次会在 7 月
下旬出现在 δ 星附近,于 7 月 31 日达到最高潮。

12. 双鱼座

有一天众神因为天气很好,就在河畔设宴。众神们快乐地唱歌和
弹奏乐器,气氛相当热烈。突然传来凄厉的叫声,这就是肩膀下长出
一百尾蛇,拥有大羽翼的怪物凡。众神一看不妙,四处逃走,宙斯化
为鸟、阿波罗化为乌鸦、赫拉化为牡牛、裘林梭斯化为山羊、众神皆
以动物之姿逃离。爱和美之女神阿弗罗裘特与其子恋爱之神耶罗斯就
化身为鱼,遁入尤法拉特斯河中。入水时彼此决定用缎带将两人尾巴
绑在一起,永不分开,就这样顺利地从怪物手中逃脱。母子俩也就这
样以尾巴相连,永不分离的姿势升天,这就是双鱼座的由来。

双鱼座最佳观测月份是 10 月到 11 月。9 月 27 日子夜中心经过上
中天。最亮星为双鱼座 η(右更二、3.62 等),可视为主星。现在的春

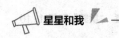

分点位于双鱼座 ω 星（霹雳五、4.04 等）下方（图 2.32）。

双鱼座虽然是较大的星座，但组成星座的恒星都很暗。双鱼座最容易辨认的是两个双鱼座小环（鱼头），特别是紧贴飞马座南面由双鱼座 β（霹雳一、4.53 等）、γ（霹雳二、3.69 等）、θ（霹雳三、4.28 等）、ι（霹雳四、4.13 等）、λ（云雨四、4.49 等）和 κ（云雨一、4.93 等）组成。另一个小环（鱼头）位于飞马座东面，由双鱼座 σ（奎宿十、5.5 等）、τ（奎宿十一、4.51 等）、υ（奎宿十三、4.71 等）、φ（奎宿十四、4.65 等）、χ（奎宿十五、4.66 等）、ψ1（奎宿十六、5.34 等）等恒星组成。

然后就是连接两条鱼的"V"形缎带，结点在 α 星处。一条从 α 星开始，经 o（右更四、4.26 等）、π（右更三、5.55 等）、η（右更二、3.62 等）、ρ（右更一、5.38 等）到 ψ1；另一条从 α 星开始，经 ν（外屏五、4.45 等）、μ（外屏四、4.84 等）、ζ（外屏三、5.2 等）、ε（外屏二、4.28 等）、δ（外屏一、4.43 等）、ω 到 ι 星。α、ψ1 和 ι 三星连成的"V"形土干，可视为"标识星"。

图 2.32　双鱼座星图

这个星座有一个梅西耶天体 M74，位于双鱼座最亮星右更二附近。

13. 星数小结

本节介绍黄道十二星座，每个给出了一颗"主星"：白羊座 α、金牛座 α、双子座 β、巨蟹座 β、狮子座 α、室女座 α、天秤座 β、天蝎座 α、人马座 ε、摩羯座 δ、宝瓶座 β 和双鱼座 η 共 12 颗星。

每个星座的"标识星"为：白羊座 α、β、δ；金牛座 α、β、ζ；双子座 β、α；巨蟹座 β、α、δ；狮子座 α、β；室女座 α、γ、β；天秤座 β、α、γ、ζ；天蝎座 τ、ε、μ、ζ、η、θ、ι、κ、λ；人马座 μ、λ、φ、σ、τ、ζ；摩羯座 δ、α、ω；宝瓶座 β、α、γ；双鱼座 α、ψ1 和 ι 星。共 44 颗星，减去前面已经作为主星的 10 颗，还有 34 颗星。

至于，每个星座能够体现"结构""形状"的星，我们这里就不做总结了。那些星应该是"本命星座"的"星霸"们更加注意的。基本上每个星座再加 3~10 颗吧，平均 5 颗。

那么，黄道十二星座总体：12（星座主星）+34（标识星）+5（形状星）=51 颗。加上天极附近的 49 颗，已经可以超过"星霸"要求的 100 颗了，为你提供了充裕的选择机会。至于那些星云、梅西耶天体、流星雨，我们就算是"买一送一"吧！它们一般也只有较高级别的天文爱好者才会问津。

2.2　坚持一年你就能够认识春夏秋冬的星星

前面我们为你介绍的星星，都是先给星座名，然后括号里再加上我国天空系统的"星官"的名字，并给出它们的亮度。比如，双鱼座

β（霹雳一、4.53 等），介绍亮度是为了方便读者找星星时心中有数；给出 88 星座的名称是要符合目前"市面"流行更广的西方天空体系，而给出我国"星官"的名字，则是我们"有预谋"的。因为，对于接下来四季星空的介绍，"星官"们会为我们演绎一个个的"战场"、一个个的贸易场景、一个个的"官场争斗"。那些场景是那么的生动、那么的"丝丝入扣"、那么的你死我活。

2.2.1　春季　乌鸦座　长蛇座　西北战场

春风催我去认星，北斗高悬柄指东；

斗柄两星大曲线，牧夫室女抓乌鸦；

狮子霸占春宵夜，轩辕十四航海星；

西北战场抗胡人，天大将军逞威风。

不知道这八句话算"诗"，还是算"歌谣"。不管怎样，它们应该是能够帮你去认识春季星空的。春风拂面我们去"踏青"，我们说"踏青"实际就是"踏眼睛"。想想看，你去看眼科，医生会怎样提醒你，肯定离不开三点：1. 明示距离；2. 多看远处；3. 不要让眼睛疲劳。这三条都是在告诉你要去看"春天的"星空（见图 2.33）。难不成眼科医生都喜爱天文学？不是的，是一种"契合"而已。春天"踏青"去看的就是那田野里"嫩嫩"的青芽，那可是最适合眼睛的，550 纳米波长的嫩绿颜色。白天看春芽，你晚点回家顺带着晚上认识一下春天的星空吧。而且，你还"遵医嘱"了。不是说要多看远处吗？星星是要多远有多远！

其实春天的星象可以更简练为四句话："参横斗转，狮子怒吼，银河回家，双角东守。""参"指参宿，即猎户座，横于西天。"斗"指北斗，由东北角逐渐转上来。"狮子"就是狮子座，独霸南天。"双角"指"大角星"和"角宿一"，踞于东天一方。春季的主要星座是：狮子座、牧夫座、室女座、乌鸦座、天龙座、长蛇座等。当然，还有我国的西北战场。

图 2.33　春季星空（3、4、5 月），图中边上"发黑"的一圈就是银河。
这是因为北银极的方向就是后发座，银河恰好在地平线上

春季的夜晚，北斗七星挂在头顶。这次我们用到的是"斗柄"。你顺着斗柄两颗星的连线，很自然地画下去，就能看到两颗很亮的星——牧夫座 α（大角、–0.04m，全天第四、北天第一亮星）和室女座 α。这条"曲线"的终端指向了乌鸦座，被称为"春季大曲线"（图 2.34）。把这两颗亮星连线作为等边三角形的一条边，再去找到狮子座 β 星，"春季大三角"就完成了。

春季的标志性星座是狮子座，我们在黄道十二星座中已经作过介绍。春季大曲线指向的乌鸦座，实际上也有一个有趣的故事：据说，以前的乌鸦是一种浑身披着五彩羽毛、唱歌说话都是十分动人的可爱小鸟。所以，天后赫拉让她做贴身侍女。一天，天后口渴，让乌鸦去银

河打水。乌鸦打好水，一转身看到河边就要结果的无花果树，她还没吃过无花果，而且朋友圈都在说无花果是多么好吃。她就决定等一等，等果子成熟，她吃下后觉得口味确实不错，可是时间已经耽误了。回去之后，天后责备她回来迟了。她狡辩并且撒谎说，路上遇到别人捣乱才回来晚了。天后当然知道她在撒谎，就惩罚她今后只能"呱呱"叫，不能再讲话，并且让她全身羽毛变黑，每天都蹲在银河边不许乱动。乌鸦座主星是乌鸦座 γ（轸宿一、2.59 等）。

图 2.34　春季大曲线和春季大三角。牧夫"哥哥"带着"室女"妹妹
　　　　走了一条"大曲线"去抓乌鸦

春季星空还有一个全天最大的星座长蛇座，跨度达 102°，可以说横跨整个春季的南方天空（见图 2.33）。由于它亮星不多，所以经常被

认为是一条刚刚"冬眠"醒来、潜伏在草丛中的长蛇。它的头在狮子座的正前方，身子夸过天赤道后在六分仪座、巨爵座、乌鸦座等小星座下"溜过"，最后消失在银河中心的人马座之中。主星为长蛇座 α（星宿一、1.98 等），在蛇的"七寸（心脏）"处。另一颗值得留意的星是长蛇 ε（柳宿五），是红色的"密近双星"，星等在 3.4~6.5 等之间变化，在长蛇的头部。M83 是个最接近我们的螺旋星系（见图 2.35），距离 15 百万光年，它正面对着地球。

图 2.35　弯曲的长蛇座和 M83 星系

　　春季星空是我国天空"分野"的"西北战场"。自战国以后，中原和边界上的"少数民族"就经常发生战争，这也会在"天象地映"的"天文"中有所反映。分野中和外族发生战争的场所，主要是在三个方向：西北战场（见图 2.36）的"西羌"、北方战场的"匈奴"和南方战场的"南蛮"。

　　西北战场处于 28 宿中的西方参、觜、毕、昴、胃、娄、奎中，其中毕代表中原，昴代表胡人，毕宿、昴宿也是主要的战场。它们之间的"天街"两星是分界属毕宿，即金牛座 κ2（天街一、5.25 等）和金牛座 ω（天街二、4.93 等），之所以把这么暗的星星也作为星官，一是它们作为西北战场的分界线；二是黄道刚好在两星的连线之间通过，也就是说，日月七曜从这里开始"逛天街（走上黄道）"。

　　我们先看到的是战场上军旗高悬，那是"参旗九星"。九星中的参

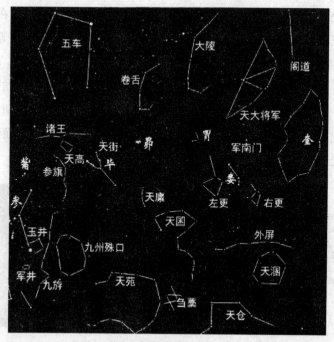

图 2.36　西北战场

旗三到九，在猎户座中是猎户座 π1~π6，它们组成了猎户手中的那张弓。其中最亮的是 π3（参旗六、3.15 等）。天大将军（星）坐镇指挥，它是天将十一星之首，也是仙女座 γ 星（天大将军一、2.26 等），其他十颗星都不是很亮，但它们在天上构成了一个"网状"，似乎是随时等待命令捕捉敌人。出兵走的"军南门"是仙女座 φ（军南门、4.26等），士兵沿"阁道"进发，阁道星共六颗，最亮的是仙后座 δ（阁道三、2.68 等）。战车是古时战场上的主力军，"五车"星就在大将军的旁边。似乎是巧合，五车 5 星都在西方星座的"御夫座"里（见图 2.37），不都是"车"吗？中国的"车"配一个洋人的"牧夫"。其中，最亮的是御夫座 α（五车二、0.08 等）。而组成"五车（御夫）"图形的 5 颗星都很亮，余下的 4 颗大家不妨都认识一下：御夫座 ι（五车一、2.69

等）、御夫座 β（五车三、1.90 等）、御夫座 θ（五车四、2.65 等）以及以前的御夫座 γ 星现今为金牛座 β（五车五、1.65 等），就星座形象构成来说，金牛座 β 星是"一星两用"的。这属于天文学上的历史遗留问题。

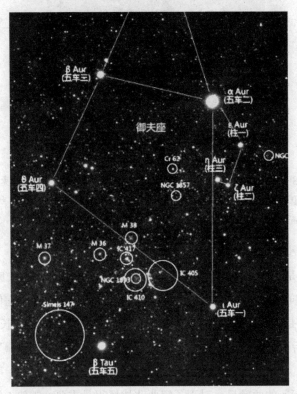

图 2.37　御夫座和五车星。其中在五车一、四、五之间是昴星团

　　兵马未动粮草先行。在大将军边上有天厩用来养军马；天廪用来储存军粮；刍蒿六星代表专门喂军马的草料；还有供大军饮水的"军井""玉井"，甚至还有"天厕"星。天廪四星在金牛座，最亮的是天廪四（金牛座 ο、3.61 等）；刍蒿六星在鲸鱼座，其中的刍蒿增二（鲸鱼座 ο）是一个很奇异的变星，星等在 2.0~10.1 之间变化；玉井星在猎

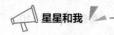
户座，其中最亮的是玉井四（猎户座 τ、3.55 等）；天厕四星对应的是天兔座（图 2.38），最亮的是天兔座 α（厕一、2.58 等）。

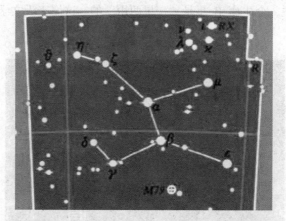

图 2.38　88 个星座中的"天兔座"是一只被"猎犬"追赶的兔子；在我国的星官中，这里是"天厕"，α、β、γ、δ 是厕所的围墙，而 ζ、η、θ 则是一道"栅栏门"，可开可关

星数小结

首先是"春季大曲线"中前面没有介绍过的大角（牧夫座 α）和大曲线指向的乌鸦座 γ（轸宿一），星霸 5 级之内应该包括它们。

然后是长蛇座的两颗标识星，长蛇座 α（星宿一）和长蛇 ε（柳宿五），后面一颗虽然不是很亮，但是作为一颗著名的"变星"值得去认识它。

"天街"的两颗星，对于了解西北战场很是重要，需要 5 级以上的星霸去认识它们；天街一（金牛座 κ 2）和天街二（金牛座 ω），它们是有点暗，但是位置还是容易确定的。

"参旗九星"是西北战场的标志，认识最亮的参旗六（猎户座 π 3），再熟悉一下"参旗"的形状就好了。顺带再去找找天大将军星（仙女座 γ），战场主帅肯定要认识吧，何况它很亮。

军南门（仙女座 φ）还是尽量去找找。阁道六星，要认识最亮的阁道三（仙后座 δ），然后要看清"阁道"的走向。

接下来就是五颗五车星了，御夫座的五颗亮星，都很好认。

天廪星中最亮的天廪四（金牛座 o）要认识，还有刍藁星中那颗怪异的刍藁增二（鲸鱼座 o），天文爱好者对变星总是兴趣很大。最后是四颗井星中最亮的玉井四（猎户座 τ）和天厕星中最亮的厕一（天兔座 α）。

这样我们在春季就能多认识：2（春季大曲线）+2（长蛇）+2（天街）+2（参旗和大将军）+7（军门、阁道加五车）+4（天廪、刍藁、井、厕各一颗）=19 颗星了，再加上巨大的 M83 星云，正好 20 个天体。到此，加上前面北极和黄道认识的 100 颗，我们最少也认识 120 颗星了。你认识其中的 60 颗，应该是绝对有把握的。我们希望的目标是 80~90 颗。加油！

2.2.2 夏季 牛郎织女 太微垣 南方战场

斗柄南指夏夜静，天蝎人马银河中；

顺着银河向北看，天鹰天琴两岸边；

天鹅飞翔银河里，牛郎织女鹊桥迎；

太微垣里国事忙，南方战场军门开。

夏夜的天空，主角应该是横亘天空的银河。不过，有人做过调查，现代人中大约超过 80% 的人，没有见过银河。一是天文学的普及力度不够；二是空气质量太差；再有就是城市化带来的"麻烦"。可以说，大城市一小时车程之内，基本上是看不到银河的。

说到银河，先讲牛郎织女的故事。虽然"老掉牙"了，但是依托它们构成的"夏季大三角"，是夏夜中最容易识别的星；而且从大三角出发，很方便找星、找到银河。银河系的中心在人马座、天蝎座，我们已经在黄道星座里介绍过它们。这里将为你介绍天琴、天鹰、天鹅座，

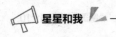

然后告诉你我国的太微垣（政府机构）都有什么，它们是怎样排布"南方战场"的。

牛郎织女的故事出自南北朝时期的《古诗十九首》，原文是："迢迢牵牛星，皎皎河汉女。纤纤擢素手，札札弄机杼。终日不成章，泣涕零如雨。河汉清且浅，相去复几许？盈盈一水间，脉脉不得语。"经过逐步演绎，成为中国古代著名的民间爱情故事。这个爱情故事，从牵牛星、织女星的星名衍化而来。说孤儿牛郎依靠哥嫂过活。嫂子为人刻薄，经常虐待他，他被迫分家出来，靠一头老牛自耕自食。这头老牛很通灵性，有一天，织女和诸仙女下凡嬉戏，在河里洗澡，老牛劝牛郎去相见，并且告诉牛郎如果天亮之前仙女们回不去就只能留在凡间了，牛郎于是待在河边看七个仙女，他发现其中最小的仙女很漂亮，顿生爱意，想起老牛的话于是就悄悄拿走了小仙女的衣服。仙女们洗完澡准备返回天庭，小仙女发现衣服不见了只能留下来，牛郎于是跟小仙女制造了邂逅，小仙女织女便做了牛郎的妻子。婚后，他们男耕女织，生了一儿一女，生活十分美满。不料天帝查知此事，命令王母娘娘押解织女回天庭受审。老牛不忍他们妻离子散，于是把自己的衣服，也就是牛皮剥下来（实际上它是天上的牛星，摩羯座 α。感觉上是有两颗"牛星"，实际上是因为我国星官体系中二十八星宿由赤道体系演变到黄道体系的原因，河鼓二是以前的牛宿。现在的牛宿更靠近黄道），让牛郎披上，这样他就可以上天追赶织女。眼看就要追上，王母娘娘拔下头上的金钗，在天空划出一条波涛滚滚的银河。牛郎无法过河，只能在河边与织女遥望对泣。他们坚贞的爱情感动了喜鹊，无数喜鹊飞来，用身体搭成一道跨越天河的彩桥，让牛郎织女在彩桥上相会。天帝无奈，只好允许牛郎织女每年七月七日在鹊桥上会面一次。

每年学生放暑假的时候，晚上 8 点左右，你抬头看头顶，织女星（天琴座 α、0.03 等）很亮，蓝白的颜色很是耀眼。如果你有幸能够看到银河，还有银河另一边的牛郎星（天鹰座 α、0.85 等），我国星官体系中的"河鼓二"。它们连线构成"夏季大三角"的一条长边（见图 2.39（a）），织女星和天津四（天鹅座 α、1.25 等）连线构成另一条边。就像一个 30°、60°、90° 的直角三角板。30° 顶角处是牛郎星、60° 顶角处是天津四，织女星坐镇 90° 直角处。

西方故事中"织女星"是天琴座的主角（主星），是希腊的大音乐家亚里翁。他去意大利参加音乐比赛成功，获得了很多奖品。乘船回来的途中，船夫见财起意，要把他推入海中。亚里翁要求为自己唱一首挽歌，船夫同意了。他优美的琴声引来了附近的海豚，高亢的歌声干扰了船夫的警觉性，他乘机跳入海中，海豚驮着他逃离了魔爪。他的那把琴就成了天琴座（见图 2.39（b）），海豚救人有功也升天成了海豚座（图 2.39（b））。海豚座所在的"小动物天区"在天鹅座和天鹰座之间。

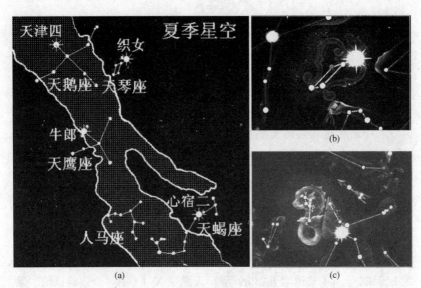

图 2.39　夏季大三角和亚里翁弹的那把"竖琴"以及海豚座所在的夏
　　　　季著名的"小动物天区"。那里有海豚、小马、狐狸和天箭座

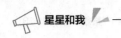

组成"竖琴"的四颗星，连接 α 星的是天琴座 ζ（织女三、4.20 等），顺时针转下来是天琴座 β（渐台二、3.45 等）、天琴座 γ（渐台三、3.29 等）和天琴座 δ，它和天琴座 ε（织女二、5.20 等）构成一个双星系统（见图 2.40）。在夏季星空（见图 2.41）中很明显。

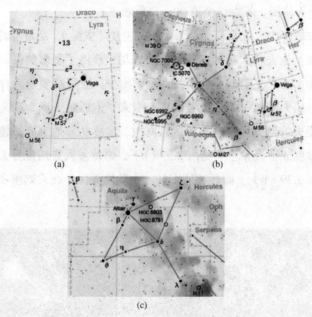

图 2.40　西方的竖琴、我国的"织女的梭子"的天琴座（a）和在银河里展翅翱翔的天鹅座（b），它们的下面是天鹰座，天鹰座图中左上角就是海豚座（c）

海豚座中的海豚座 α（瓠瓜一、3.77 等）和海豚座 β（瓠瓜四、3.63 等）比较亮，可以作为标识星。其他星你就像对待周边的小马、狐狸、天箭一样，大致看出个形状来就好了。

天鹅座就要壮观得多，其中的天鹅座 α、天鹅座 γ（天津一、2.23 等）、天鹅座 η（辇道增五、3.89 等）、天鹅座 X–1（第一个被确认的"黑洞"）和天鹅座 β（辇道增七、3.05 等）构成"十字架"的竖支，β

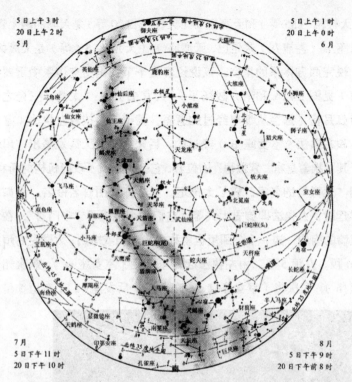

图 2.41　夏季星空。找到夏季大三角后，很容易看到天鹅座的那个"大
　　　　十字"，它和"南十字座"号称是南北十字架，它长长的颈指
　　　　向银河系的中心处。"小动物天区"在牛郎星旁边

星是头、α 星是尾；天鹅座 ν（天津五、3.94 等）、天鹅座 ξ（车府六、
3.72 等）、天鹅座 δ（天津二、2.86 等）、天鹅座 γ、天鹅座 ε（天津九、
2.48 等）和天鹅座 κ（奚仲一、3.80 等）构成两个长长的翅膀，天鹅
座 γ 在中间，悠闲地向着银河系中心飞去。

　　天鹰座比较好找，但是星座的形态不是很好确认。天鹰座 β（河
鼓一、3.70 等）、天鹰座 γ（河鼓三、2.70 等）和河鼓二（牛郎星）一
起构成"三连星"，也就是传说中的"扁担星"。天鹰座 ζ（天市左垣六、
2.95 等）、天鹰座 μ（右旗一）、天鹰座 δ（右旗三、3.35 等）、天鹰座

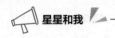

η（天桴四、3.85 等）和天鹰座 θ（天桴一、3.20 等）是天鹰的两个翅膀，天鹰座 ρ（左旗九）是尾巴，天鹰座 λ（天弁七、3.4 等）是天鹰的头。

　　说完西方体系的星空，该说说春夏季节我国星空体系中重要的太微垣（见图 2.42）和南方战场了。《天官书》说："太微，三光之廷。"是指日月行星都会从那里经过的意思，黄道就是挨着左执法（室女座 η）和右执法（室女座 β）经过的。后来这一带天区发展出"垣墙"，由于其紧挨着皇宫"紫微垣"的位置，它就演变成了政府机构的所在地。沿用"太微"的名字，成了太微垣。星名亦多用官名命名，例如左执法即廷尉，右执法即御史大夫等。它们两个也成了"守门官"，在太微垣垣墙的南端一边一个，那里也就称之为南门或端门；太微左右垣共有星 10 颗。左垣 5 星，由左执法起是东上相（室女座 γ）、东次相（室女座 δ）、东次将（室女座 ζ）、东上将（后发座 42）；右垣 5 星，由

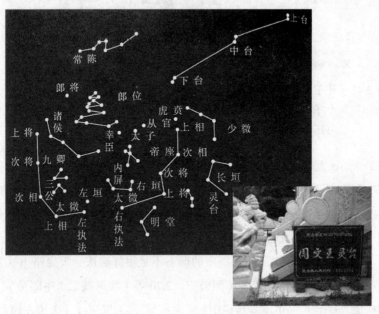

图 2.42　太微垣和灵台遗址

右执法起是西上将（狮子座σ）、西次将（狮子座ι）、西次相（狮子座θ）、西上相（狮子座δ）。太微垣位居于紫微垣之下的东北方。"三台星"似乎是太微垣和紫微垣连同的"阶梯"。

端门边上首先是明堂，是古代帝王宣明政教的地方，凡朝会、祭祀、庆赏、选士等大典皆在此举行。明堂三颗星都属于狮子座，都不很亮，你知道它们在端门边上就好了。太微垣里最重要的还是"三公九卿"，它们各自都有三颗星，都属于室女座，也都不是很亮，位置挨着左垣墙。它们的后面就是"五诸侯星"，五诸侯一（后发座39、5.99等）、五诸侯二（后发座36、4.78等）、五诸侯三（后发座27、5.12等）、五诸侯四（后发座）、五诸侯五（后发座6、5.10等），它们5个也不亮呀，为什么不像介绍"三公"一样地一带而过呢？有3个理由：（1）后发座正好在银河系的北极方向上，所以当后发座天顶时，银河（盘）就与地平线重合。远离了银河系盘面气体和尘埃物质的遮挡，"光线"容易通过，就形成了一个从银河系内观看河外星系的一个极好窗口。（2）后发座星团是我们发现的最大的星团之一，距我们3~4亿光年。包含1000个大星系，小星系可高达30000个。（3）正因为它位处银极，所以对研究银河系结构很重要。

靠近太微右垣的就都是"皇亲国戚"了。五帝座一的五颗星都属于狮子座，这里不是说有5个皇帝，而是表明东西南北中五个方位，皇帝都管。然后是太子、从官也属于狮子座，旁边还有一颗星叫"幸臣"，比其他大臣都要靠近皇帝，看来阿谀奉承之辈自古有之！

太微垣的星都不是很亮，可能是因为位置太靠近紫微垣，不能"喧宾夺主"的缘故吧。介绍它们主要是想让大家了解、认识它们的结构，方便认识它们所在的星座，比如，室女、狮子等。最后要说的就是"灵台"三星，也就是"皇家天文台"，灵台一（狮子座χ、4.62等）最亮、灵台二（狮子座59、5.0等）恰好在黄道上和灵台三（狮子座58、4.86

等）。灵台遗址在洛阳南郊，湖北荆州还有一个灵台县。

南方战场（见图2.43）主要是为了对付"南蛮"的。位置在角、亢、氐三宿之南。

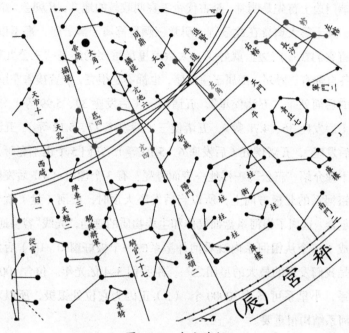

图2.43　南方战场

战场总指挥是骑阵将军（豺狼θ1、3.87等），下属有骑官二十七，主要有十星：骑官一（豺狼γ、2.87等）、骑官二（豺狼δ、3.22等）、骑官三（半人马θ、3.13等）、骑官四（豺狼β、2.68等）、骑官五（豺狼ι、4.05等）、骑官六（豺狼ε、3.37等）、骑官七（豺狼κ、4.27等）、骑官八（豺狼π、4.72等）、骑官九（豺狼ν、2.87等）和骑官十（豺狼α、2.30等）；车骑三星：车骑一（豺狼δ、3.41等）、车骑二（豺狼ξ、4.05等）和车骑三（豺狼ζ、4.42等）；从官三星：从官一（豺狼ψ2、4.77等）、从官二（豺狼χ、3.99等）和从官三（增一）。然后是阵车三星：

阵车一（长蛇 58、4.44 等）、阵车二（长蛇 60、5.85 等）和阵车三（豺狼 2、4.37 等）。可谓是阵容整齐、等级森严。

他们管带着代表士兵的积卒星十二颗，其中最亮的两颗：积卒一（豺狼 ζ、4.24 等）、积卒二（豺狼 ε、3.44 等）算是士兵的"头目"吧。"柱星"10 颗应该是"岗楼、哨兵"。士兵和战车都是在"库楼（星）"里，库楼十星，弯曲的六颗是库，放战车的；围起来的四颗是楼，住人的。十颗星均属于半人马座（见图 2.44（a））：库楼一（半人马座 δ、2.55 等）、库楼二（半人马座 ε、2.31 等）、库楼三（半人马座 ζ、2.06 等）、库楼四（半人马座 2、4.21 等）、库楼五（半人马座 d、3.92 等）、库楼六（半人马座 μ1、4.85 等）、库楼七（半人马座 γ、2.17 等）、库楼八（半人马座 w、4.68 等）、库楼九（半人马座 η、3.86 等）、库楼十（半人马座 ξ、3.96 等）。

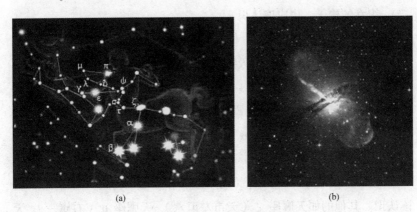

(a)　　　　(b)

图 2.44　半人马座

半人马座和人马（射手）座不是一回事，它属于南天星座，位于长蛇座南面，南十字座北面。α 星我国称为南门二，视星等为 -0.27m，是全天第三亮星；β 星古称马腹一，视星等 0.61m，为全天第十一亮星。座内星云众多，图 2.44（b）为 NGC 3766，4.44 等，肉眼可见。

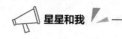

军阵中开了四道门：天门、阳门、军门和南门。其中天门跨越黄道，据说是供天体出入之门，可它在战场内，也应具有震慑（天门）作用，天门 2 星较暗：天门一（室女座 53、5.06 等）、天门二（室女座 69、4.78 等）；阳门正对着北方大后方：阳门一（半人马 b、4.03 等）、阳门二（半人马 c1、4.08 等）；军门和南门是军队出击走的，军门 2 星：军门 2 星只有一颗比较亮：军南门（仙女座 φ、4.26 等）；南门 2 星则很亮，尤其是南门二是离我们第二近的恒星：南门一（半人马 ε、2.30 等）、南门二（半人马 α、−0.27 等），看来，出入军营的重要关口是需要重兵（亮星）把守的。

星数小结

织女星、牛郎星、天津四这些"大家伙"，认识它们是必需的。

天琴座 ζ（织女三）、β（渐台二）、γ（渐台三）、δ 和 ε（织女二）。织女的梭子，也应该认识。

天鹅座 γ（天津一）、η（辇道增五）、β（辇道增七）"十字架"的竖支，也就是天鹅的身子；天鹅座 ν（天津五）、ξ（车府六）、δ（天津二）、天鹅座 γ、天鹅座 ε（天津九）和天鹅座 κ（奚仲一），天鹅的大翅膀，对于 5 等以上的星霸，也需要认识。

天鹅座 X–1 以及海豚座 α 和 β 大致知道在哪里就可以了，不过，认识它们是一种很大的乐趣。

天鹰座 β（河鼓一）、γ（河鼓三）和牛郎星构成"三连星"，应该认识。其他的如天鹰座 ζ（天市左垣六）、天鹰座 μ（右旗一）、天鹰座 δ（右旗三）、天鹰座 η（天桴四）、天鹰座 θ（天桴一）、天鹰座 ρ（左旗九）、天鹰座 λ（天弁七）7 颗星，可以根据你的时间和精力决定是否去认识它们。

太微垣里，两边垣墙、后发座 5 星（五诸侯）以及灵台 3 星，作为高级别的星霸（8 级以上），可以尝试去认识。

南方战场中，骑阵将军星最好要找到，那可是统帅呀！其他的骑官、从官、车骑、阵车应该各找两颗认识。

库楼十星都比较亮，应该认识。南门 2 星同理。阳门和军门星，看你的兴致吧！

这样，3（夏季大三角）+4（织女的梭子）+9（天鹅身子加翅膀）+7（天鹰的身体）+8（左右垣墙）+5（五诸侯）+3（灵台）+1（骑阵将军）+8（骑官等）+2（南门）一共有 50 颗星啦！认识 25 颗星没问题吧。

到此，60+25=85，搞定星霸 8 级是绰绰有余的。

2.2.3 秋季　飞马仙女　老人星　天市垣

秋夜北斗靠地平，仙后五星空中升；

仙女飞马四方控，东西南北连连清；

英仙夜照老人星，南方星空放光明；

天市垣里交易忙，天田遍野忙收成。

这八句诗交代了什么？首先，方位要确定。秋季的北斗七星在我国较低纬度地区较难看到，找北极星就主要靠仙后座的"W"组合了。好在它们都很亮，很好找，也类似北斗七星的样子，就在你的头顶的右上方。如果你觉得利用"W"组合找起来还是有些复杂，我们还有办法，你可以利用"秋季大四方"，天文学中称之为"天然定位仪"（见图 2.45）。

秋季大四方（见图 2.46）由飞马座 α（室宿一、2.45 等）、β（室宿二、2.40 等）、γ（壁宿一、2.80 等）三颗星和仙女座 α（壁宿二、2.06 等）构成，在天空中非常醒目。每当秋季飞马座升到天顶的时候，这个大四边形的四条边恰好各代表了一个方向，的确就是一台"天然定位仪"。连接仙女座 α 和飞马座 β 以及连接飞马座 γ 和 α 指示的就是东西方向；连接仙女座 α 和飞马座 γ 以及连接飞马座 β 和 α 指示的就是南北方向。将后两个连线的长度延长四倍，那里就是北极星。"路途上"你可以看见仙后座"W"的身影。

143

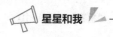

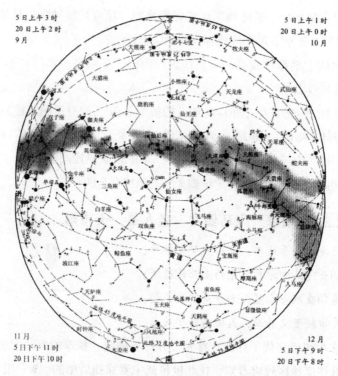

图 2.45　秋季星空

图 2.46　秋季大四方

144

从"秋季大四方"西侧的那条边（飞马座 β 和 α 的连线，星空图是需要拿起来看的）向南延伸约 3 倍，会找到秋季南面夜空中最亮的星四大天王的"南星"——北落师门（南鱼座 α、1.16 等）；从"秋季大四方"东侧的那条边向南延伸同样的长度，便到达黄道上的春分点的附近，太阳在每年春分时（即 3 月 20 日或 21 日）都经过此点。

找到"秋季大四方"，现在注意一下"飞马"的形状，怎么看似乎也看不出哪里像"马"还是"飞马"？答案是：你要倒着看（见图 2.47）。

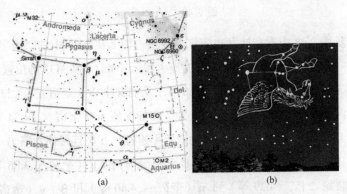

图 2.47　"飞马"当然要飞起来，飞起来的马，就无所谓"正""倒"了

最要紧的是飞马的身子（还有翅膀），它由大四方的四颗星组成。连接飞马座 α、ζ（雷电一、3.40 等）、θ（危宿二、3.50 等）构成马脖子；θ 和 ε（危宿三、2.35 等）的连线就是马头；至于马腿，飞起来的马腿就不是那么重要了，从飞马座 β 分别伸出到 η（离宫四、2.90 等）和 μ（离宫二、3.50 等）的方向上，就是飞马的两条"前腿"。但是，飞马座中最令人注明的恒星是飞马座 51、亮度 5.49 等，是一颗类似太阳的恒星，距离太阳系约 47.9 光年。1995 年被发现有行星围绕该恒星公转，是继太阳系外首个被证实有行星的恒星。

如果说飞马因为是"倒着飞"我们很难辨认，那么仙女座（见图 2.48）中的"仙女"是什么姿势，我们就只能"呵呵"了。

145

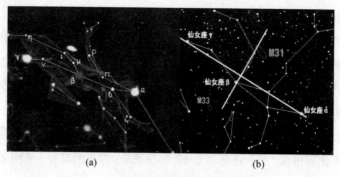

(a)　　　　　　　　　(b)

图 2.48　仙女座

从图 2.48 中看，仙女也应该是在飞。图 2.48（b）中的"十字架"短的一条，是为你指出著名的仙女座大星云（M31）和 M33 的位置。

飞在空中的仙女，α 星是它的头；从仙女座 δ（奎宿五、3.27 等）分别向仙女座 ζ（奎宿二、4.08 等）和仙女座 π（奎宿六、4.34 等）、ρ（天厩二、5.16 等）两边是它的双臂（翅膀？）；δ 连接仙女座 β（奎宿九、2.06）是它的躯干；两腿从 β 星处分为：β、μ（奎宿八、3.86 等）、ι（螣蛇二十二、4.29 等）到 η（奎宿一、4.40 等）和 β、ν（奎宿七、4.53 等）到 γ（天大将军一）。

仙女座里比"秋季大四方"更著名天体就是 M31——仙女座大星云了，也称为安德森星云。它和银河系属于一个星系团，而且根据观测它们正在相互接近。它肉眼可见，总星等为 4 等，单位面积的亮度平均为 6 等，晴朗无月的夜晚用肉眼依稀可见，像一小片白色的云雾。与其相对的 M33，称为三角星云，也属于"本星系团（银河系所在的星系团）"，亮度 5.72 等。星空条件好的情况下，也能够看到。

对于秋天的星空，还有一个应该注意的星座就是英仙座。有如下三个引人注意的原因，第一，它"横跨"秋天的银河（虽然因为是银盘方向而不是很亮）；第二、大陵五变星，那个女妖"美杜莎"就在英仙座；第三，它有壮观的、不会"放你鸽子"的英仙座流星雨。每年

11 月 7 日子夜英仙座的中心经过上中天。对于天文爱好者来说能找到英仙座 α（天船三、1.79 等）和英仙座 β（大陵五）两颗星就可以了。

　　秋天最应该去看的一颗星就是老人星（船底座 α、-0.72 等）了，全天第二的亮星。但是，在我国的大部分地区，因为太靠近南天极，所以很难被看到。观测老人星的最佳时间段是每年的二月份。

　　现在说说我国星官体系中的天市垣。天市垣又名天府，长城。市者，四方所乐。既是老百姓的交易场所，也是天子接见地方官员的地方。天市垣内外，可以说是中国古代星空中最热闹的地方，环绕天市垣的一圈围墙其实是各个州郡的朝拜之地：魏、赵、九河、中山、齐、吴越、徐、东海、燕、南海、宋列在左边，河中、河间、晋、郑、周、秦、蜀、巴、梁、楚、韩列在右边，中间是天帝的座位。各地使节各带大葱海鲜驴肉陈醋火烧等来给天帝进贡。

　　天市垣（见图 2.49）在紫微垣的东南角。

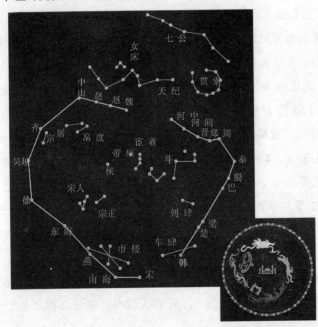

图 2.49　天市垣

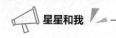

　　天市垣的中心是帝座（武仙座 α、3.20 等），天子脚下的市场，给皇帝"留座"，太重要啦。帝座四周有宦者 4 星，是伺候皇上的，都不是很亮，最亮的是宦者一（武仙座、4.99 等）。侯星（蛇夫座 α、2.08等）一颗，它的作用很大，也有点神秘。因为，虽有"帝座"但是皇帝不一定常在，所以"侯"是他的代表，另外他还起到掌握市场变化、公布行情等作用，算是市场"调度官"吧。女床三星是天帝的妻妾停留、休息的地方，估计她们也喜欢"逛市场"。女床一（武仙 π、3.19 等）、女床二（武仙 69、4.66 等）、女床三（武仙 ξ、4.17 等），三颗星挨得很近，比较好找。

　　七公是七位政府官员，民生问题关系重大，他们属于皇帝的委派官员：七公一（武仙 42、4.88 等）、七公二（武仙 η、3.89 等）、七公三（武仙 θ、4.26 等）、七公四（武仙 χ、4.62 等）、七公五（牧夫λ1、5.02 等）、七公六（牧夫 κ1、4.31 等）、七公七（牧夫 δ、3.47等），七公七最亮，尽可能先找到它，然后就方便找到七公的图形啦。贯索和天纪各 9 星是"天牢"和司法部门，贯索最亮的是贯索四（北冕座 α、2.40 等），天纪最亮的是天纪二（武仙 δ、2.89 等）。贯索 9 星为：贯索一（北冕座 π、5.59 等）、贯索二（北冕座 ζ、4.16 等）、贯索三（北冕座 β、3.68 等）、贯索四（北冕座 α、2.40 等）、贯索五（北冕座 γ、3.84等）、贯索六（北冕座 δ、4.63 等）、贯索七（北冕座 ε、4.15 等）、贯索八（北冕座 η、4.99 等）、贯索九（北冕 ξ、5.41 等）；天纪九星为：天纪一（北冕座 μ、4.85 等）、天纪二（武仙 ξ、2.89 等）、天纪三（武仙 ε、3.92 等）、天纪四（武仙 59、5.29 等）、天纪五（武仙 61、6.21 等）、天纪六（武仙 68、4.82 等）、天纪七（武仙、6.06 等）、天纪八（武仙座）、天纪九（武仙 ζ、3.86 等）。

　　市场内分工很是明晰。宗正、宗人、宗星是管理机构，战国时期的星相家石申说："宗者，主也；正者，政也。主政万物之名于市中。"

宗正 2 星：宗正一（蛇夫 β、2.77 等）、宗正二（蛇夫 γ、3.75 等）；宗人 4 星：宗人一（蛇夫 66、4.81 等）、宗人二（蛇夫 67、3.95 等）、宗人三（蛇夫 68、4.44 等）、宗人四（蛇夫 70、4.05 等）；宗 2 星：宗一（武仙 110、4.21 等）、宗二（武仙 111、4.36 等）。他们"值班"应该是在市楼(6 星)之上：市楼一（蛇夫 κ、4.62 等）、市楼二（巨蛇 ν、4.26 等）、市楼三（蛇夫 η、5.24 等）、市楼四（巨蛇 λ、4.33 等）、市楼五（巨蛇、6.22 等）、市楼六（蛇夫）。一般能认识宗正 2 星、宗人二 1 星、宗 1 星和市楼中最亮的市楼二也就不错啦。其他各星我们是提供给高阶的星霸查询用的。

如果说市场的管理机构是市场的"软件"，那列肆、车肆、屠肆、帛度、斗斛等就属于市场的"硬件设施"。

列肆 2 星，是宝玉及珍品市场：列肆一（巨蛇 ζ、4.82 等）、列肆二（蛇夫 ι、3.82 等）。

车肆 2 星，百货市场：车肆一（蛇夫 υ、4.82 等）、车肆二（蛇夫 20、4.66 等）。

屠肆 2 星，屠畜市场：屠肆一（武仙座 109、3.87 等）、屠肆二（武仙座 98、4.98 等）。

帛度 2 星，布匹、纺织品市场：帛度一（武仙座 95、4.28 等）、帛度二（武仙座 102、4.39 等）。

斗（量固体的器具）星 5 颗、斛（量液体的器具）星 4 颗：斗一（武仙座 ω、4.59 等）最亮，和其他四星构成"斗型"在"宦者"星旁边；斛二（蛇夫 θ、3.20 等）最亮，挨着斗星。

天市垣的围墙把市场围了起来，可感觉它们更像是通往全国各州县的、四通八达的商贸通道。天市左垣（从上到下）：魏（武仙座 δ、3.14 等）、赵（武仙座 λ、4.41 等）、九河（武仙座 μ、3.42 等）、中山（武仙座 ο、3.83 等）、齐（武仙座 112、5.45 等）、吴越（天鹰 ζ、2.99 等）、

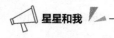

徐（巨蛇 θ1、4.06 等）、东海（巨蛇 η、3.26 等）、燕（蛇夫 ν、3.34 等）、南海（巨蛇 ξ、3.54 等）、宋（蛇夫 η、2.43 等）；天市右垣（从上到下）：河中（武仙座 β、2.77 等）、河间（武仙座 γ、3.75 等）、晋（武仙座 κ、5.00 等）、郑（巨蛇 γ、3.85 等）、周（巨蛇 β、3.67 等）、秦（巨蛇 δ、3.80 等）、蜀（巨蛇 α、2.65 等）、巴（巨蛇 ε、3.71 等）、梁（蛇夫 δ、2.74 等）、楚（蛇夫座 ε、2.43 等）、韩（蛇夫座 ζ、2.56 等）。

星数小结

这一节星数较多，特别是热闹的天市垣。对于初学者来说，认识一些标识星就应该可以了。

秋季大四方，无论从哪个角度来说都很重要。所以四颗星加上北落师门 5 颗星，应该都要熟悉。

飞马座的 ζ（雷电一）、θ（危宿二）、ε（危宿三）、η（离宫四）、μ（离宫二），主要应该去认识飞马的图形，对于飞马座 51 建议特别重视一下。

仙女座图形相对要难认一些，仙女座 δ（奎宿五）、ζ（奎宿二）、π（奎宿六）、ρ（天厩二）、β（奎宿九）、μ（奎宿八）、ι（螣蛇二十二）、η（奎宿一）、ν（奎宿七）。6 级以上星霸可以尝试一下。

英仙座两颗星和老人星应该认识。

天市垣里，帝星、侯星、七公七、贯索四、天纪二需要认识，其他的星知道大概位置就好了。

宗正 2 星要找到，然后，知道宗人星在它们边上，两颗宗星在左边垣墙边上即可。

市楼星找到市楼二就好了，列肆、车肆都很暗，知道它们在右边垣墙边上就可以了；斗 5 颗星、斛 4 颗星也不亮，但要确定一下它们在列肆、车肆的上面，宦者星的下面。

屠肆 2 星找屠肆一（武仙座 109），帛度 2 星挨着它的。

左右垣墙,最好是 22 星都顺序地找下来。对于 5 级以上的星霸,起码左边的起点魏星(武仙座 δ),终点宋星(蛇夫 η)和中间的吴越星(天鹰 ζ)要找到,并且连起来;右边同样,起点的河中星(武仙座 β),终点的韩星(蛇夫座 ζ)和中间的蜀星(巨蛇 α)要找到,并且连起来。

这样,我们再做做加法:5(大四方和北落师门)+3(飞马座两颗形状星和 51 星)+2(仙女座两颗形状星)+3(英仙两颗加老人星)+5(帝、侯、七公、贯索和天纪各一)+3(宗正亮星加市楼二)+1(屠肆一)+6(左右垣墙各三颗星)。加在一起有 28 颗。到上一次星数小结时,我们已经最少认识 85 颗星了,所以,到现在超过 100 颗星是绝对有把握的!

2.2.4　冬季　波江座　渐台天田　北方战场

三星高照入寒冬,新年来到繁星明;

三角套着六边形,群星闪耀在头顶;

北方战场马蹄急,万将之首天狼星;

渐台天田土司空,波江一条横太空。

对于生活在江南的人们来说,冬天来了,大熊(星座)就"去了"。但是,还可以利用猎户座(见图 2.50)的亮星来定方向、找星星。在冬天的晚上,猎户座是最容易找到的,它由四颗亮星组成巨大的长方形,长方形的中间有三颗亮星斜着排列,它们就是前面歌谣里的"三星"。猎户右肩的大红星叫做参宿四(猎户座 α、0.07 等),左脚的大蓝星叫参宿七(猎户座 β、0.15 等)。中间腰带的三星是参宿一(猎户座 ζ、1.85 等)、参宿二(猎户座 ε、1.65 等)与参宿三(猎户座 δ、2.40等)。我们从猎户中间的参宿二与北上方猎户的头,猎户座 λ(觜宿一、3.54 等)连成一线,则此线指向北极星。

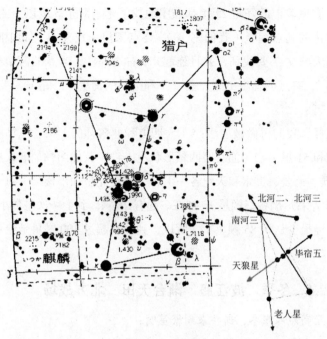

图 2.50　猎户座

　　猎户的右脚是参宿六（猎户座 κ、2.05 等）、猎户的左肩是参宿五（猎户座 γ、1.60 等）；高举的"棒子"由 μ（觜宿南四、4.30 等）、ξ（水府二、4.40 等）、ν（水府一、4.45 等）组成；伸出去的左臂拿着一张弓，从 o2（参旗二、4.05 等）星开始，一直向下连成一个弧形，它们是 π1（参旗四、4.60 等）、π2（参旗五、4.35 等）、π3（参旗六、3.15 等）、π4（参旗七、3.65 等）、π5（参旗八、3.70 等）、π6（参旗九、4.45 等）。

　　透过猎户座能够很容易找到其他的星。把猎户的腰带往西南方伸延就能找到天狼星（大犬座 α、-1.46 等）；向东北方则会碰到毕宿五（金牛座 α）。沿着猎户的肩膀往东就是南河三（小犬座 α、2.67 等）。从参宿七往参宿四的方向一直伸延就可见到北河二（双子座 α）及北河三（双子座 β）。这样，参宿七、毕宿五、五车二、北河三、南河三和天狼星就构成了著名的"冬季六边形"，它们都非常亮，重要的是在冬季的星空极容易辨认，就是那种你一抬头，它们就在那里的感觉！另外，连接南河三和天狼星以及参宿四就是"冬季大三角"。一个绝妙的等边三角形（见图 2.51）。

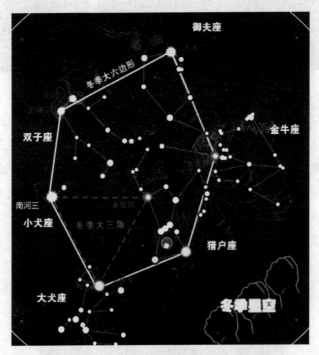

图 2.51　冬季六边形和大三角

　　从猎户腰带挂下来的是他的剑，它是由猎户座 θ1（伐二、4.0 等）及猎户座 θ2（伐一、4.55 等）及猎户座大星云（M42）所组成，在我国称为伐星。另一著名的星云就是位于猎户座 ζ（参宿一）处的马头星云（IC 434），它的名字来自当中的一团形似马头的黑色尘埃（见图 2.52）。

图 2.52　猎户座大星云（M42）和马头星云

　　猎户座可以说是冬天星空，甚至是全年里最壮丽、漂亮的一个星座了。但是要数最长的星座，东西跨度是长蛇座，我们前面已经介绍了，而南北跨度最大的是波江座，甚至谈论它还要区分"上游""中游""下游"（见图 2.53）。它起始于猎户座和鲸鱼座之间，弯弯曲曲向南延伸，一直流到赤纬 –50° 以南。

图 2.53　蜿蜒曲折的波江座

波江座的源头是波江 β 星（玉井三、2.45 等），它紧靠着参宿七（猎户座 β），向南流去，上游是 ω（九斿三、4.39 等）、μ（九州殊口三、5.17等）、ν（九州殊口二、4.04 等）、o（九州殊口增二、4.00 等）到 γ（天苑一、2.95 等）；中游从 γ 到 π（天苑二、4.42 等）、δ（天苑五、4.80等）、ε（天苑四、3.73 等）、ζ（天苑五、4.80 等）、η（天苑六、3.85 等）、τ1（天苑增星）、τ2、τ3、τ4、τ5、τ6、τ7、τ8（天苑增星）；下游是 υ1（天园十三、4.51 等）、υ2（天园十二、3.83 等）、υ3（天园十一、3.99 等）、υ4（天园十、3.57 等）、g（天园九、4.19 等）、h（天园七、4.61 等）、θ（天园三、3.56 等）、ι（天园四、4.25 等）、κ（九游二、4.02 等）、φ（天园五、4.76 等）、χ（天园二、3.70 等）直到 α 星（水委一、0.46 等），那里已差不多是南天极了。

看到波江座里的"天苑""天园"，就想到我们国家历来都是农业大国。"天苑"是养家畜的场所，天苑 16 星大多属于波江座，就是亮星很少；"天园"是栽种林木、果树的场所，也大多属于波江座；农牧业最重要的还是种粮食，所以有天田 9 星，也不亮。但是故事性很强，挨着它们的有牛宿的牵牛星，还有织女星，在它们下面就是"十二国星"广域的田地在人马座。此外，还有主灌溉沟渠的天渊十星，大多也在人马座；渐台、辇道、罗堰、九斿、九坎等，都和农牧业有关，管理这些事物的官员叫"土司空"（鲸鱼座 β、2.04），它和北落师门一样是很靠南的两颗亮星之一。

农具方面有箕、糠、杵、臼星，也多在人马座（南斗），其中杵一到杵三组成了天坛座，两颗主星较亮：杵二（天坛 α、2.95 等）、杵三（天坛 β、2.84 等）。

耕作的民众有丈人（星）、子（星）、孙（星）、农丈人（星），农丈人在人马座，星等 4.88，仔细一点是能找到的。他们养了很多天鸡（星）、狗（星），都在人马座。天鸡一（人马 55、5.08 等）、天鸡二（人

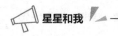

马 56、4.89 等）。还有鳖星 11 颗，其中最亮的鳖一（望远镜座 α、3.51 等），如果去南半球就能找到。

最热闹的还是"北方战场"（见图 2.54）。它位于北方七宿的南面，在战场的北偏西有"狗国（星）"4 星，都较暗；还有"天垒城"13 颗星，最亮的是天垒城十（宝瓶座 λ、4.50 等）。都代表北方少数民族。

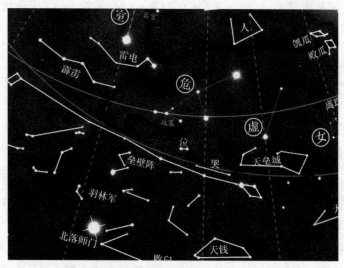

图 2.54　星空中的"北方战场"

走进战场，最抢眼的就是壁垒阵。自西南向东北由 12 星组成，属于我们前面介绍过的黄道星座中的摩羯、宝瓶、双鱼各 4 颗，其中壁垒阵四（摩羯座 δ、2.87 等）最亮。一带长壁，两边各有一个由四颗星组成的敌楼。它的后面住着强大的羽（御）林军。羽林军有 45 颗星，5 颗属南鱼座，最亮的是羽林军八（南鱼座 ε、5.20 等）。其他 40 颗都在宝瓶座，最亮的是羽林军二十六（宝瓶座 δ、3.17 等）。这个战场比较重要，且北方强敌一向凶蛮，所以代表皇帝的"天纲"星（南鱼座 δ、4.21 等），亲自坐镇指挥。边上还有直通大后方不断有兵力和给养支援的北落师门。看来在这个战场，中原是属于守势，不仅有长长的壁垒阵，还有专门为敌人设下的陷阱——6 颗八魁星，都在鲸鱼座，最亮的是八魁六（鲸鱼座 7、4.46 等）。还有锐利的兵器斧钺（3 星都在宝瓶座、都很暗）以及雷电 6 星（都在飞马座）助阵，最亮的是雷电一（飞马座 δ、3.40 等）。惨烈的战场自然有哭星（2 颗、摩羯宝瓶各一颗）和泣星（2 颗、都在宝瓶座），还有坟墓 4 星：坟墓一（宝瓶座 δ）、坟墓二（宝瓶座 γ）、坟墓三（宝瓶座 ε）和坟墓四（宝瓶座 π），都在黄道星座里介绍过，最亮的是坟墓一 3.67 等。这些星告诉我们，为什么北方战场是位于危（机）宿和虚（虚无、荒凉）宿之间。

星数小结

首先是冬季六边形我们前面没有介绍的几颗星：天狼星（大犬座 α、–1.46 等）、南河三（小犬座 α、2.67 等）、参宿七（猎户座 β、0.15 等）。

然后就是猎户座的"形状星"：参宿四（猎户座 α、0.07 等）、参宿一（猎户座 ζ、1.85 等）、参宿二（猎户座 ε、1.65 等）、参宿三（猎户座 δ、2.40 等）和猎户座 λ（觜宿一、3.54 等）；还可以进一步：参宿六（猎户座 κ、2.05 等）、参宿五（猎户座 γ、1.60 等）；猎户座 μ（觜宿南四、4.30 等）、ξ（水府二、4.40 等）、ν（水府一、4.45 等）；猎户座 o2（参旗二、4.05 等）、π1（参旗四、4.60 等）、π2（参旗五、4.35 等）、π3（参旗六、3.15 等）、π4（参旗七、3.65 等）、π5（参旗八、3.70 等）、π6（参旗九、4.45 等）。

波江座，源头：波江 β 星（玉井三、2.45 等）；中游起始星波江 γ（天苑一、2.95 等）；下游起始星波江 ν1（天园十三、4.51 等）到终点波江 α 星（水委一、0.46 等）。

土司空（鲸鱼座 β、2.04）、杵二（天坛 α、2.95 等）、杵三（天坛 β、2.84 等）和鳖一（望远镜座 α、3.51 等）。这些有故事且又比较亮的星

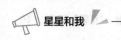

应该找到。

北方战场：天垒城十（宝瓶座 λ、4.50 等）、壁垒阵四（摩羯座 δ、2.87 等）、羽林军二十六（宝瓶座 δ、3.17 等）、"天纲"星（南鱼座 δ、4.21 等）和八魁六（鲸鱼座 7、4.46 等）这些星，循着我们的故事找下去，会很有乐趣的。

这样，冬天我们就收获了 3（六边形）+10（猎户座）+4（波江座）+4（农牧业）+5（北方战场），一共 26 颗星，这已经是精心挑选过的。

好啦！春夏秋冬一年，再加天极、黄道的星星，至少 110 颗了，下面我们来安排"星霸"的座次。

2.3 我要做"星霸"

我们的"星霸"分级是以你认识的星星的数目为基本标准的。从星霸 1 级到最高的星霸 10 级，每上升一级你需要多认识 10 颗星。在 1~4 级时，我们为你选择的标准星，是基本"固定"的，也就是说你要具备一定的星霸基础。等级越高，需要认识的星星就越多，你可选择的余地就越大……比如，星霸 1 级的 10 颗星，大家都是北斗七星加北极星，再加一颗季节星、一颗方位星。

2.3.1 "星霸等级"的划分

对于星霸们，我们都封了"头衔"，有一套十枚印有你的"头衔"的"勋章"；同时还有一套十个印有星霸等级的书签，鼓励你多看书、多看科普书、多看天文学的书、多看我们的书。

星霸 1 级，被封为"苍龙宫宫主"，需要认星 10 颗以上；

星霸 2 级，被封为"朱雀宫宫主"，需要认星 20 颗以上；

星霸 3 级，被封为"白虎宫宫主"，需要认星 30 颗以上；

星霸 4 级，被封为"玄武宫宫主"，需要认星 40 颗以上；

星霸 5 级，被封为"天市垣堡主"，需要认星 50 颗以上；

星霸 6 级，被封为"太微垣堡主"，需要认星 60 颗以上；

星霸 7 级，被封为"紫微垣堡主"，需要认星 70 颗以上；

星霸 8 级，被封为"星主"，需要认星 80 颗以上；

星霸 9 级，被封为"星帝"，需要认星 90 颗以上；

星霸 10 级，你就是"天帝"，需要认星 100 颗以上。

一般来说，1~4 级为"基础级"，属于初学者，以兴趣爱好为主；5~7 级为"发展级"，应该具备一定的辨识方位、识别星空的能力；8、9 两级为"普及级"，就是你足可以把你的天文学知识去普及给你的小伙伴们和广大的一般民众了。对于星霸 10 级，那必须是"上知天文下晓地理"的"天上霸主"啦！

2.3.2　好霸气的"星霸"

"世界那么大，我想去看看！"

——"世界那么大，你凭什么去看看！"

好吧……

"星空那么灿烂、美丽，我想认识那些星星！"

"OK！星霸在手，你一定能认识那些漂亮、正向你眨眼睛的星星。"

我们将为你列出达到星霸各级所需要认识的星星名称，其中包括必选星、可选星和参考星三种。必选星代表了你的基本水准，数目会达到星霸等级要求星数的大部分；可选星我们会以超过 2：1 的比例，为你提供需要认识的星星，你可以按照你的兴趣、喜好进行选择，以达到星霸等级的要求；参考星是一些略有"难度"的星，比如，星比较

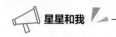

暗，但是它对于你又比较重要，类似于你的星座星等情况。就是只是具有特定的理由时，你才可能去选择它们。

下面列出星霸1~10级需要认识的星星。

1. 星霸1级（10颗星）

必选星（8颗）：北斗七星、北极星；

可选星（2颗）：四大天王：狮子座 α 星（轩辕十四）、天蝎座 α 星（心宿二）、南鱼座 α 星（北落师门）和金牛座 α 星（毕宿五），你可以四选一；黄道十二星座中选你的星座主星（除去双子座外，都是 α 星），十二选一。

2. 星霸2级（20颗星）

必选星（9颗）：仙后座"W"形5星、四大天王余下的3星再加上全天最亮的金星；

可选星（1颗）：黄道十二星座，你的星座标识星。

3. 星霸3级（30颗星）

必选星（8颗）：文曲星1颗、四季标志星4颗：春季牧夫座 α 星（大角）、夏季天琴座 α 星（织女）、秋季仙女座 γ 星（天大将军）、冬季大犬座 α 星（天狼）；五大可视行星的3颗：火星、木星、土星；

可选星（2颗）：黄道十二星座中，你的星座再加2星。

4. 星霸4级（40颗星）

必选星（8颗+）：黄道十二星座所有主星；

可选星（2颗）：北极5星和勾陈6星，各选1颗以上。

5. 星霸5级（50颗星）

必选星（10颗+）：春季大曲线中，两颗主星已经认识，这里要确认连线并找到乌鸦座的位置、春季大三角（1颗、狮子座 β）；夏季大三角2星（并连线）：天鹅座 α（天津四）和天鹰座 α 星（牛郎）；秋季大四方4颗（并连线）：飞马座 α、β、γ 和仙女座 α 星；冬季六边形 2 颗（并连线）：猎户座 β（参宿七）和小犬座 α（南河三）、冬季三角形 1 颗（并连线）；猎户座 α（参宿四）；

可选星（1 颗 +）：试着找找水星。

6. 星霸 6 级（60 颗星）

必选星（10 颗 +）：黄道十二星座所有标识星；

可选星（3 颗 +）：连接太微垣和紫微垣的 6 颗三台星中的 3 颗。

7. 星霸 7 级（70 颗星）

必选星（8 颗 +）：四季主要星座标识星：狮子座、天蝎座、飞马座、猎户座；

可选星（3 颗 +）：紫微垣的左枢天龙座 η、右枢天龙座 α；太微垣的两边垣墙的连线以及灵台 3 星的形状要熟悉；天市垣的帝星（武仙座 α）要找到，两边垣墙的形状、走向要搞清。

8. 星霸 8 级（80 颗星）

必选星（10 颗 +）：四季中各选一个星座，起码认识标识星；

可选星（3 颗 +）：中国星官图中的西北战场、南方战场和北方战场，每个战场选择一颗自己认为的标识星。

9. 星霸 9 级（90 颗星）

必选星（10 颗 +）：比较重要和"流行"的星座，如北极附近的大熊座、春季的狮子座、夏季的天鹅座和天蝎座、秋季的飞马座和仙后座以及冬季的猎户座和南十字座等，都要按照习惯的星座连线把星座星认全；比较重要、在前面没有提到的重要的星星，如老人星、土司空、大陵五等，也要认识。

可选星（10 颗 +）：全面熟悉三垣中的主要星星。

10. 星霸 10 级（100 颗星）

熟悉黄道十二星座；认识并可以为别人介绍春季大曲线和大三角、夏季大三角、秋季大四方、冬季六边形和大三角；熟知利用星星的连线

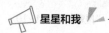

辨别方向的各种办法；熟悉月亮和五大行星的视运动情况；开始尝试利用望远镜（从双筒望远镜开始）去认识梅西耶天体。

为了方便查阅，我们为你列出表1。

表1　星霸1~10级选星列表

等级	称号	星数	必选星	可选星
1	苍龙宫宫主	10	北斗7星、北极星	四大天王、黄道星座主星各选一
2	朱雀宫宫主	20	仙后座5星、四大天王余下的3星、金星	黄道（自我）星座标识星
3	白虎宫宫主	30	文曲星、四季标识星、火木土星	黄道（自我）星座形状星加两颗
4	玄武宫宫主	40	黄道12星座所有主星	北极5星、勾陈6星
5	天市垣堡主	50	春季大曲线、三角；夏季大三角；秋季大四方；冬季六边三角形的构成星	水星
6	太微垣堡主	60	黄道12星座所有标识星	6颗三台星
7	紫微垣堡主	70	四季主要星座标识星	左枢、右枢；帝星；三垣的垣墙
8	星主	80	四季各选一个星座，认识其标识星	中国星空中西北、南方、北方战场各选一星
9	星帝	90	较重要的星座，如大熊、狮子、天鹅、天蝎、飞马、猎户等能连线识别；较重要的星，如老人、土司空、大陵五等	熟悉三垣中的主要星星
10	天帝	100以上	熟悉黄道十二星座，能为别人指认星空的主要图形（夏季大三角等）、熟知利用星的连线辨别方向的各种办法；熟悉月亮和五大行星的视运动情况	开始尝试利用望远镜（从双筒望远镜开始）去认识梅西耶天体

第 3 章

二十八星宿和《步天歌》

　　前面认星一章，我们为大家挑选了 100 多颗星。涉及的星星超过 300 颗。实际上，全天肉眼能够看到的星星要超过 6000 颗。作为天文爱好者，我们没必要都涉及。但是，涉及的星空体系，我们还是要清楚的。比如，西方体系 88 个星座中，包含肉眼可见的恒星最多的是天鹅座和半人马座，都有 150 颗；最少的雕具座只有 10 颗。我们感兴趣的，还是我们想要看的那些星星和星座。就我国的三垣四象二十八星宿体系来说，一般认为是涉及 2442 颗星，指定了 207 个"星官"。

　　从东西方星空体系的比较来看，西方的 88 个星座倾向于历史的沿革和星空的分区；我国的星空体系，一方面是"天人合一"思想的体现，另一方面则是为了制定历法等工作，而方便于观测定位所用。例如，88 个星座基本包括了星座所在天区亮星，而我国体系中，所选择用来测位置的"星官"，星星的亮度并不是最重要的挑选依据。更多的是看位置分布的均衡，而且，也要体现出"天人合一"中最重要的"皇权至上"的思维。所以，围绕"三垣"就构成了四种动物（图腾）形状

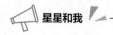
的二十八星宿，它们在天上对"三垣"形成了"拱卫"之势（见图3.1）。

二十八星宿的形成年代是在战国中期（公元前4世纪）。东汉王充在《论衡·谈天》中也说："二十八星宿为日月舍，犹地有邮亭，为长吏廨矣。邮亭著地，亦如星舍著天也。"这说明二十八星宿是借助于观测月亮之行度而建立的。

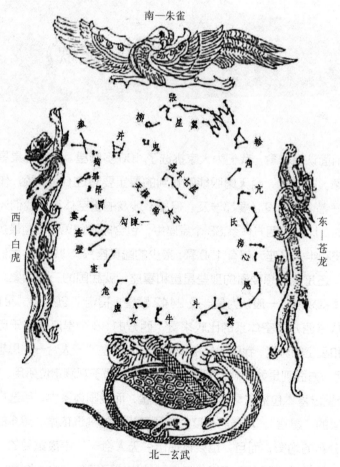

图3.1　二十八星宿组合成的四象拱卫着"天帝"

二十八星宿分为东、南、西、北四宫（象），每宫七星。为了便于识别和记忆，古人将它们分别想象为一种动物，即东宫为苍龙，南宫为朱雀，西宫为白虎，北宫为玄武，这就是"四象"。四宫、四象与四季相配如下。

东宫苍龙主春：角、亢、氐、房、心、尾、箕七星；

南宫朱雀主夏：井、鬼、柳、星、张、翼、轸七星；

西宫白虎主秋：奎、娄、胃、昴、毕、觜、参七星；

北宫玄武主冬：斗、牛、女、虚、危、室、壁七星。

3.1 星宿的由来

东方七宿分布在夏至点到秋分点之间，北方七宿分布在秋分点至冬至点之间，西方七宿分布在冬至点和春分点之间，南方七宿分布在春分点至夏至点之间，从我国古代天文学的发展，尤其是历法的发展来看，这并不是巧合。

在二十八星宿体系形成的年代，即公元前 5670 年前后，二十八星宿基本上是沿赤道均匀分布的，即各宿的赤经之差是相似的。然而，由于岁差的影响，各宿的赤经随着年代而变化，各宿的宿度（即与下一宿的赤经差）变得广狭不一，为了保证时间尺度的均匀性，就需要调整。计算机 3D 模拟显示到公元前 1000 年，二十八星宿在赤道坐标系中的位置，斗宿和牛宿、井宿和鬼宿的间距变得很宽。而"建星"正好处于箕宿和牛宿之间，故用建星替代斗宿；而因鬼宿离柳宿太近，故用"弧星"替代鬼星；用狼替代井也是同样道理。因觜参几乎重叠，故用参替代觜、用伐替代参。这就是产生"二十八星宿"的道理。在

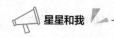

此之后，因为黄道基本上不受岁差的影响。所以，为了方便黄道天体的观测，二十八星宿的星官就多选择靠近黄道的星星。

这种观测对象的转移，也是历史发展的需要。从天象上看，北天恒显圈中的亮星除了北斗七星外，只有其他几颗孤星而已，所以要从恒显圈内找北斗七星以外的亮星作报时基准星的话，已经很难再成功了。因此必须将目光跳出恒显圈，从其他星辰中找。

于是，人们从天空的北半球找到了南半球，因为南天的亮星比北天多得多。但南天的星辰相比北天有个重大"缺陷"——南天的星都处于恒显圈以外，所以南天所有的星在一年内，多多少少都有那么一段时间是全天看不到的。而这个特点就决定了要以南天星辰为基准制作报时系统时，必无法像北斗七星那样，只以一组亮星就能解决全年的计时问题；必须以多组亮星的互补结合与共同使用，才能解决全年不间断连续纪日的问题。而要从南天众多的亮星中，对众多星辰做取舍并筛选出一个有效的报时系统也绝非易事。方位、时间（间隔）上要有规律；还要利于观测。所以，古人就"成组"地做选择。组成"星宿"，感觉上是迎合了月亮的运动周期，实际上二十八星宿并不是为了观测月亮，而是起到了替代北斗七星这一"星组"的作用。

古人的"观象授时"，特别是确定一年的开始（年首）和季节，大概使用下述几种方法：

1）太阳影长：立竿见影，测量太阳的影长，根据中午太阳影长的变化来确定季节，比如冬至日就是太阳影长最长的那日。

2）太阳出没方位：可以用太阳出没的方位来判断季节。

3）偕日升和偕日没：在日出前观察哪些亮星刚刚升起，称"偕日升"；或在日落后观察哪些亮星跟着落下，称"偕日没"。例如，古埃及就是依据天狼星的偕日升来判断尼罗河的泛滥，由此得出一年为365天，从而创立了人类的第一个历法——"天狼星历"。

4）昏星和晨星：依据某亮星在清晨或黄昏时的位置来判断季节，也可利用拱极星如北斗来判断季节。

5）昏中或晨中：即在黄昏或清晨时看正南方的星宿是哪一个来判断季节。

6）晨昏出没：在清晨或黄昏时，观察星宿的出没来判断季节。如古埃及将赤道附近的星分为 36 组，每组管十天，为一旬。当黎明时看到某一组星升起，就知道是哪一旬。三旬为一月，四月为一季，三季为一年，一年 360 天。

7）二十八星宿的月站：依据月相和月亮所在宿来判断季节，比如满月时月亮所在宿与太阳所在宿正好相差 180°，上弦月或下弦月时月亮所在宿与太阳所在宿相差 90°，而太阳所在宿就对应着季节或月份。

由以上的情形来看，显然，利用星组来进行观测，是最简单而实用的方法。

3.2 二十八星宿

除使用太阳出没方位或太阳影长外，古人经常使用星宿（形象）来判断季节。参宿"三星"可能是最早被用来判断季节或年首的，比如我国一些少数民族，以及在澳大利亚和太平洋岛上的土著使用参宿和昴宿来定季节。《史记·天官书》曰："昴日髦头，胡星也。"古代传说燧人氏"察辰心而出火"，即用大火星（心宿二）的晨出来确定一年的开始。

之后，人们在观测日月在星空中的运动，认识了更多的黄道星宿，作为"日月五星出入之道"。在黄道星座中，最重要的是东方七宿，亦

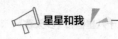

称"东方苍龙"。这样，古人可能从大火星发展到使用"东方苍龙"的七宿来确定季节。许慎《说文解字》称"龙，鳞虫之长。能幽能明，能细能巨，能短能长，春分而登天，秋天而潜渊"，这"春分而登天，秋天而潜渊"的"龙"极可能就是天上的"东方苍龙"。《易经》乾卦的卦辞中，诸如"潜龙勿用""见龙在田""或跃在渊""飞龙在天""亢龙有悔"和"群龙无首"也正好描述了一年中不同季节所看到的"东方苍龙"在天空中的位置。同时，由此奠定了"龙"在中华文明的核心地位。

古代观测二十八星宿出没的方法常见的有四种：

第一是在黄昏日落后的夜幕初降之时，观测东方地平线上升起的星宿，称为"昏见"；

第二是此时观测南中天上的星宿，称为"昏中"；

第三是在黎明前夜幕将落之时，观测东方地平线上升起的星宿，称为"晨见"或"朝觌"；

第四是在此时观测南中天上的星宿，称为"旦中"。

角、亢、氐、房、心、尾、箕，这七个星宿组成一个龙的形象，故称东方青龙七宿（见图3.2）。东方苍龙共有48个星官：

角宿：角、平道、天田、周鼎、进贤、天门、平、库楼、五柱、衡、南门；

亢宿：亢、右摄提、左摄提、大角、折威、顿顽、阳门；

氐宿：氐、亢池、帝席、梗河、招摇、天乳、天辐、阵车、骑官、车骑、骑阵将军；

房宿：房、钩钤、键闭、西咸、东咸、罚、日、从官；

心宿：心、积卒；

尾宿：尾、神宫、龟、傅说、鱼、天江；

箕宿：箕、糠、杵。

图 3.2　东方青龙七宿

斗、牛、女、虚、危、室、壁，这七个星宿形成一组龟蛇互缠形象故称北方玄武七宿（见图 3.3）。北方玄武共有 76 个星官：

图 3.3　北方玄武七宿

斗宿：南斗、建、天弁、鳖、天鸡、狗国、天渊、狗、农丈人、天籥；

牛宿：牛、天桴、河鼓、右旗、左旗、织女、渐台、辇道、罗堰、天田、九坎；

女宿：女、离珠、齐、楚、燕、韩、赵、魏、秦、越、周、郑、代、晋、败瓜、天津、奚仲、扶筐、瓠瓜；

虚宿：虚、司禄、司危、司非、司命、哭、泣、天垒城、败臼、离瑜；

尾宿：危、坟墓、人、杵、臼、车府、天钩、造父、虚梁、天钱、盖屋；

室宿：室、离宫、雷电、羽林军、垒壁阵、斧钺、北落师门、八魁、天纲、土公吏、腾蛇；

壁宿：壁、土公、霹雳、云雨、斧锧、天厩。

奎、娄、胃、昴、毕、觜、参，这七星宿形成一个虎的形象，故称西方白虎七宿（见图3.4）。西方白虎共有56个星官：

图 3.4 西方白虎七宿

奎宿：奎、外屏、土司空、军南门、阁道、附路、王良、策、天溷；

娄宿：娄、左更、右更、天仓、天庾、天大将军；

胃宿：胃、大陵、天船、积尸、积水、天廪、天囷；

昴宿：昴、天阿、月、天阴、刍蒿、天苑、卷舌、天谗、砺石；

毕宿：毕、附耳、天街、天节、诸王、天高、九州殊口、五车、柱、天潢、咸池、天关、参旗、九斿、天园；

觜宿：觜、座旗、司怪；

参宿：参、伐、玉井、军井、屏、厕、屎。

井、鬼、柳、星、张、翼、轸，这七个星宿又形成一个鸟的形象，故称南方朱雀七宿（见图3.5）。南方朱雀共有46个星官：

井宿：井、钺、水府、五诸侯、天樽、北河、南河、积水、积薪、水位、四渎、阙丘、丈人、子、孙、老人、军市、野鸡、天狼、弧矢；

鬼宿：鬼、积尸气、天狗、外厨、天记、天社、爟；

柳宿：柳、酒旗；

星宿：星、轩辕、内平、天相、天稷；

张宿：张、天庙；

翼宿：翼、东瓯；

轸宿：轸、长沙、右辖、左辖、土司空、军门、器府、青丘。

图3.5　南方朱雀七宿

二十八星宿的选星，我们从以下几个例子中，可能能"参悟"出一些东西。

"参"字的本义应当是对参宿中参宿一二三这三颗星的观测：其上段的三个圈象征着这三颗星，而下段则是一个观测者的形象。由此可见，古人对参宿的观测有多么重视。

通过参宿四、参宿五和觜宿三星的加入，使得整个参宿看上去恰好贴着天赤道；既然参宿四和参宿五加入其中了，那么也干脆把亮度相近、与参宿一二三距离也相同的参宿六和参宿七加入其中，这样看着更显对称——最终，以参宿一二三为核心、参宿四五六七和觜宿三星为外沿的整个"参宿"就此诞生了。

同时，也构成了老虎的头脸。

从图 3.6 中的两张图上可以明显看出：在公元前 2400 年到公元前 2000 年的这段时间里，娄宿的娄宿三和娄宿二这两颗星是将天赤道紧密"搂抱"在一起的。所以通过"娄宿"的命名，我们可以进一步确认：以天赤道为基准的二十八宿是在公元前 2450 年到公元前 1950 年的这段时间里被发明出来的。当时的古人为了精确标记天赤道，而特意创立了"娄"宿，以显示天赤道贯穿娄宿而过。虽然随着岁差运动娄宿不断北移、夏商之后的娄宿就已远离了天赤道，但"娄宿"这个称谓却一直保存至今，为我们发掘二十八星宿的起源留下了宝贵的线索！

图 3.6 "娄宿"右图中很明显的是，赤道是在"娄宿"的"搂抱"中

"房"字按《说文解字》的注释为"房，室在傍者也"。上古边室皆用单扇门（即"户"），庙门大门才用双扇门，故"房"从"户"。"方"本义为"城邦""城邑"。"户"与"方"联合起来表示"方形城邑正大门左右两边的门卫室（传达室）"。所以"房"的本义：方城南大门左右

两侧的传达室、门卫室。

在知晓了"房"的本义后，"房宿"命名的依据也由此显露。如图 3.7 所示，在公元前 2400 年之前（最迟不晚于公元前 2350 年），天赤道是贯穿房宿而过，就像一条大道贯穿城门而过，而"房宿"四星就像城门边的门房。

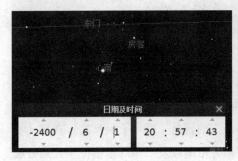

图 3.7　"房宿"四星就像城门边的门房　图 3.8　"毕宿"，捕捉田园中的鸟虫所用的"叉网"

"毕"与"禽"，在甲骨文中是同一个字，后分化。毕，甲骨文（开口向上的"网"，捕鸟工具）（"十"是"又"的变形，抓持），表示持网捕鸟。有的甲骨文加"田"（田园），表示在田间和菜园里扑捕啄食嫩苗的鸟雀。造字本义：用网罩抓捕田间的鸟雀。金文写成甲骨文手持网罩的形象；篆文省去"田"；隶书变形较大，网形尽失。图 3.8 所示，"毕宿"的外形与"叉网"几乎如出一辙，毕宿得名也由此可见。

那么，古人创立这一恒星体系，为什么要选取"二十八"这样一个数字，而不是其他数字呢？它可能与恒星月的长度，也就是月球从某一恒星出发又回到此恒星的周期有关。《吕氏春秋·圜道》说："月躔二十八星宿，轸与角属，圜道也。"《史记·律书》所引的古文献，把二十八星宿称为二十八舍，著名史学家司马贞的《索隐》解释说，二十八星宿就是日月和五大行星所止舍、停宿的地方。这与《吕氏

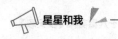

春秋》等书把二十八宿理解为邮亭、星舍是一个意思。在古代印度，二十八宿被称为"纳沙特拉"（nakshatra），在阿拉伯则被称为"马纳吉尔"（al-manazil），意思也都是"月站"。

3.3 《步天歌》

对于对天文感兴趣的古代人来说，要记住那些星官和星星的名称和位置，也不是一件容易的事情。为了帮助记忆，出现了一些以诗歌形式描述星空的作品，其中流传最广的就是《丹元子步天歌》，简称《步天歌》。它按照紫微垣、太微垣和天市垣以及二十八星宿把全天划分成31 大区，以七字为一句，文字简洁有韵，读起来琅琅上口。

《步天歌》易懂、易学、易掌握，成为中国古代学习天文的必读书，宋代著名史学家郑樵就一面读《步天歌》，一面观察星象，"时素秋无月，清天如水，长诵一句，凝目一星，不三数夜，一天星斗，尽在胸中矣"。

而且，在流传下来的《步天歌》各个版本中，基本都是360~366 句。作为一部天文学著作，这当然不是巧合。中国古代周天为 365.25 度（中国古度），一句一步，一步一度，至 365° 而恰好步天一周，此即"步天"一词原意所在。

《步天歌》

三垣

（一）紫微垣

紫微垣卫应庭闱，北极珠联五座依。

二是帝星光最赫，一为太子亦星辉。

庶子居三四后宫，五名北极象攸崇。

北辰之位无星座，近着勾陈两界中。

六数勾连曲折陈，大星近极体惟真。

天皇大帝勾陈里，天柱稀疏五数臻。

柱南御女四斜方，柱史之南女史厢。

南列尚书分五位，迤西六足是天床。

两星阴德极之西，大理偏南数亦齐。

四辅微勾当极上，北瞻六甲数堪稽。

勾陈正北五珠圆，五帝斯称内座联。

一十五星营卫列，两枢左右最居先。

右枢少尉位居西，上辅之西少辅析。

上卫北迤为少卫，上丞居右北门栖。

左枢上少宰星连，上弼微东少弼躔。

上少卫星仍按次，少丞亦莅北门边。

北门中处七成章，华盖为名象好详。

门内杠星承九数，状如曲柄盖斯张。

盖北当门曲折排，名为传舍九星偕。

舍西八谷交加积，八谷迤南六内阶。

阶前六数是文昌，半月勾形少辅傍，

更有三师依辅近，尉南两个内厨房。

厨前门右两星析，天乙居东太乙西。

六舍天厨邻少弼，五珠天棓宰东提。

天枪三数斗稍东，西是三公数亦同，

南指元戈单一颗，七星北斗丽长空。

天枢西北斗魁张，璇次玑权序自详，

再次玉衡居第五，开阳当柄接摇光。

开阳东北辅星连，相在衡南最近权。

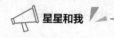
魁下太尊中正坐，太阳守位却南偏。

斗中天理四堪窥，尊右天牢六数维，

势四牢西方正式，中垣内外步无遗。

（二）太微垣

太微垣在势东南，势北名台位列三。

东向少微斜四数，长垣西向数同参。

文昌勾次上台平，东列中台势右明。

势左下台皆两级，常陈七数斗南呈。

长垣南左是灵台，其数为三左亦该。

左即明堂相对待，常陈正下两垣开。

门西执法右名宜，上将居南次将随。

次相后瞻为上相，右垣五卫左如兹。

门东执法左称名，上相迤东次相迎。

次将北东居上将，内屏四数列前楹。

中央五帝座惟真，正北微东一幸臣。

太子从官星各一，虎贲依序向西循。

屏东谒者一星参，东列三公数已含。

北属九卿三数莅，东依次将却南偏。

北瞻折节五诸侯，郎位之旋十五俦。

郎将一星东北驻，上垣俱向斗南求。

（三）天市垣

下垣天市太微东，列国圜围象着雄。

北有七公承宰次，公南贯索九星充。

贯索迤东天楅南，女床一座数为三。

床南天纪星连九，垣上弯还向好参。

西卫韩星第一筹，楚梁巴蜀及秦周。

次为郑晋河间位，再次河中右壁修。

宋东南海北逦燕，东海徐星次第连。

吴越一星齐又北，中山西次九河躔。

又西赵魏左垣襄，廿二交环两卫墙。

帝座一星居正位，一侯东列近中央。

座西宦者四屏营，西有斛星四角平。

以次斗星为数五，逦南列肆两星横。

侯左逦南序好循，两星宗正四宗人。

宗星惟二齐南莅，屠肆微西两数臻。

帛度双星屠肆前，楚南车肆二星连。

市楼六个依南海，天市垣星步已全。

二十八星宿

（一）东方苍龙

1. 角宿

太微垣左两星参，角宿微斜距在南。

平道二星居左右，进贤一座道西探。

五诸侯北有三星，周鼎为名列足形。

角上天田横两颗，天门二数角南屏。

两个平星近库楼，衡星楼内四微勾。

库楼星十如垣列，十一纷披柱乱投。

四楗内外竖衡南，东植双楗北列三。

西北两珠皆库外，南门星象地平含。

2. 亢宿

角东亢宿四星符，距在中南象似弧。

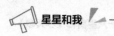

大角北瞻明一座，摄提左右各三珠。

亢下横连七折威，阳门双列直南扉。

顿顽两个门东置，车骑诸星向氐归。

3. 氐宿

氐宿斜欹四角端，正西为距亢东看。

亢池大角微南四，帝席三星角北观。

梗河三数席之东，一颗招摇斗柄冲。

天辐两星当氐下，阵车三数辐西丛。

骑官十个顿顽南，骑阵将军驻一骖。

车骑三星临地近，巴南天乳氐东探。

4. 房宿

氐东房宿四偏南，距亦中南四直参。

两个钩钤房左附，一珠键闭北东含。

东西咸各四星披，房北还应左右窥。

罚近西咸三数是，上当梁楚两星歧。

西咸勾下日星单，氐宿东南最易看。

更向房西天辐左，迤南认取两从官。

5. 心宿

心当房左向堪稽，中座虽明距在西。

好向东咸勾下认，三星斜倚象析析。

房南直指两星微，正界从官左畔归。

积卒斜瞻遥向处，恰当心二着清晖。

6. 尾宿

尾莅心南向徂东，九星勾折距西中。

西南折处神宫附，傅说歧勾左畔充。

勾东北视一星鱼，北有天江四数居。

江指尾中当宋下，龟星不见象非虚。

7. 箕宿

尾东箕宿象其形，天市东南列四星。

舌向西张当傅说，距为西北本常经。

尾勾正北一名糠，箕舌之西象簸扬。

南置杵星临地近，象因常隐不须详。

（二）北方玄武

1. 斗宿

斗宿依稀北斗形，衡中缺一六珠荧。

箕之东北当东海，正界魁衡是距星。

斗西天籥八星圉，南海鱼星两界间。

东海迤东天弁是，徐南九颗折三弯。

建星曲六弁南迎，建左天鸡两直行。

两狗建南俱斗右，四星狗国又东倾。

农丈人居斗下鏖，鳖星十一丈人前。

鳖东三数天渊是，半为尘蒙象未全。

2. 牛宿

六数交加宿号牛，正中为距斗东求。

南三北二皆攒聚，罗堰三星宿左修。

堰南四颗是天田，九坎田形近地边。

牛北横三翘一者，天桴象与右旗牵。

右旗曲折界齐东，河鼓斜三左畔冲。

北列左旗形亦曲，旗皆九数鼓居中。

天纪迤东天棓南，星名织女数为三。

渐台四址中山左，辇道台东五数参。

3. 女宿

四星女宿对天桴，堰北牛东向不殊。

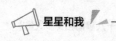

距在西南应志认，北迤斜四是离珠。

败瓜五数瓠瓜同，再北天津九类弓。

七数扶筐天桴左，四为奚仲界筐东。

女宿迤南列国臻，越东一郑两周循。

周东赵二南齐一，北列双星并属秦。

赵东楚魏各星单，代列秦东两数看。

代右魏东三角似，南燕东晋北为韩。

4. 虚宿

两星遥接略斜参，虚宿为名距在南。

北指司非星两颗，司危亦二向东探。

正东司禄两星横，司命双星禄下呈。

天垒城依秦代北，十三环曲宿南营。

列国迤南坎北区，三星略折号离瑜。

瑜东败白南倾坠，四数微张若仰盂。

天垒维东向好参，哭星两个近城南。

哭东二数星名泣，危宿之南位易探。

5. 危宿

危宿弯三禄左屏，折中东企距南星。

商迤盖屋星连二，坟墓居东四渺冥。

危北人星略向西，天津南左四星栖。

白当人北东迤四，杵立三星白上提。

天津东北七星勾，车府为名杵北修。

造父五星车府北，北瞻九数是天钩。

盖屋微东坟墓前，虚梁四数向东偏。

天钱五个离瑜左，哭泣迤南败白边。

6. 室宿

危东上下两珠莹，距亦南星室宿名。

雷电六星南向列，土公吏二屯西营。
离宫右四左双珠，室宿之巅六数敷。
旋绕腾蛇星廿二，北瞻造父略南纡。
天纲败白左隅连，北落师门各一圆。
垒壁阵星联十二，虚梁哭泣各星前。
八魁左阵六星跻，斧钺三星略向西。
四十五星三作队，羽林军在阵南栖。

7. 壁宿

东壁星当营室东，以南为距数攸同。
北瞻天厩三微左，南有双星是土公。
雷电微东位列前，星名霹雳五珠连。
再南云雨星为四，俱在梁东阵上边。
壁宿东南向最遥，五星斧锧远相要。
壁南火鸟星连十，虽附南规象半昭。

（三）西方白虎

1. 奎宿

十六星联莫拟形，壁东奎宿象晶莹。
南西三颗中为距，南列微平七外屏。
军南门傍宿之巅，阁道东翘六数连。
翘接远通传舍北，适当华盖略东偏。
阁道腾蛇两界中，王良五数舍南充。
策依良北星惟一，附路良南数亦同。
八魁微北向东探，斧锧迤西位好参。
天溷四星屏下置，土司空又溷之南。

2. 娄宿

奎宿微南向徂东，三星娄宿距为中。

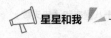
北迤天大将军是，十一星联状似弓。

左右更居宿两傍，东西各五数堪详。

天仓六数穿天溷，天庾三星列在厢。

3. 胃宿

娄左三星胃宿名，以西为距着晶莹。

外屏正左天囷列，十有三星近左更。

天廪囷东四舍修，大陵胃北八星勾。

天船九泛陵东北，尸水分投积一筹。

4. 昴宿

胃东昴宿七星临，距亦当西向下寻。

西一天阿东一月，西南五数是天阴。

天囷天庾两厢中，刍蒿交加六数充。

天苑环营星十六，天囷南畔蒿之东。

卷舌星当昴北缄，曲勾六数隐天谗。

舌东月北斜方者，砺石为名四数函。

5. 毕宿

天廪迤东毕宿歃，距当东北八星歧。

天街两颗微居右，附耳微东一数随。

毕南天节八星彰，左列参旗九数扬。

旗北天高星四颗，北瞻六数是诸王。

诸王再北五车乘，内有天潢五数仍。

三数咸池微后载，西三东六柱分承。

参旗南向九斿援，旗左天关列一藩。

斿右九州殊口六，苑南当地是天园。

6. 觜宿

天关正下宿名觜，参宿之巅界两歧。

距是北星三紧簇，北东司怪四堪窥。

天高司怪夹天关，共列诸王略次斑。

北列座旗维数九，五车东北叠三弯。

7. 参宿

觜南参宿七星昭，距在中东自古标。

中下伐星三颗具，西南玉井四星侨。

宿南军井四西偏，前列屏星厕右边。

屏左厕星为四数，一星名屎厕之前。

（四）南方朱雀

1. 井宿

参东向北八星存，西北先将井宿论。

水府四星邻井右，井东三数是天樽。

一珠积水北河三，五位诸侯又在南。

南有积薪樽左一，钺星附距一珠含。

井前水位四居东，四渎居西数亦同。

位下南河三数具，阙邱渎下两星冲。

井南厕左一天狼，军市狼南六数襄。

市内野鸡星一数，九星弧矢市南张。

弧矢迤西两个孙，子星再右丈人尊。

屎南左右星皆二，一老人星向莫论。

2. 鬼宿

水位迤东鬼宿停，西南为距四方形。

积尸一气中间聚，北视微西四耀星。

鬼宿之前六外厨，厨南天狗七星图。

再南天社星应六，天记居东止一珠。

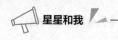

3. 柳宿

外厨近北鬼之前，两界之中略左偏。

距是西星名柳宿，向南勾曲八星连。

鬼宿之东列酒旗，向当柳宿北东基。

轩辕略右须详认，旗是三星向左披。

4. 星宿

酒旗直下七星宫，星宿为名距正中。

天相三星居宿左，轩辕恰与上台冲。

轩辕十六象之旋，御女还应附在前。

轩左内平犹近北，四星正在势西边。

5. 张宿

轩辕南徂宿名张，天相之前近处望。

星宿略东堪志认，张为六数象须详。

两珠左右各分率，中有斜方四略偏。

方际西星应作距，东邻翼宿式相连。

6. 翼宿

张宿之东翼宿繁，太微右卫向南看。

明堂正下重相叠，廿二星形未易观。

南北星皆五数充，中如张六距攸同。

接连上下之旋处，各有三星象最丰。

7. 轸宿

太微垣下四星留，轸宿为名翼左求。

西北一星详认距，翼南轸右七青邱。

轸为方式象宜参，内附长沙一粒含。

辖其两星分左右，左依东北右西南。

参 考 文 献

[1] 齐锐. 漫步中国星空 [M]. 北京：科学普及出版社，2014.

[2] 陈久金. 泄露天机——中西星空对话 [M]. 北京：群言出版社，2005.

[3] 陈久金. 星象解码——进入神秘的星座世界 [M]. 北京：群言出版社，2004.

[4] 姚建明. 天文知识基础 [M]. 2版. 北京：清华大学出版社，2013.

[5] 姚建明. 科学技术概论 [M]. 2版. 北京：北京邮电大学出版社，2015.

[6] 姚建明. 地球灾难故事 [M]. 北京：清华大学出版社，2014.

[7] 姚建明. 地球演变故事 [M]. 北京：清华大学出版社，2016.

[8] [英] 杰弗里. 科尼利厄斯. 星空世界的语言 [M]. 北京：中国青年出版社，2001.

[9] 钮卫星. 天文与人文 [M]. 上海：上海交通大学出版社，2011.

[10] 赵荣. 中国古代地理学 [M]. 北京：中国国际广播出版社，2010.

[11] 百度文库等网页文章.